BEATRIX SCHULTE WIEN
IRINA KELLER

Praxisbuch Physiogriffe für Pferde

SELBST VERSPANNUNGEN LÖSEN UND WOHLBEFINDEN STEIGERN

KOSMOS

☞ *Inhalt*

IN GUTEN HÄNDEN

Beatrix Schulte Wien

Nicht für jede Abweichung im Bewegungsablauf des Pferdes muss der Therapeut oder Tierarzt gerufen werden. Es gibt viele mobilisierende Handgriffe, die dem Pferd helfen und die vom Reiter ausgeführt werden können. In Zeiten deutlich gestiegener Kosten für Futter, Einstreu, Tierarzt usw. wollen wir Sie ermuntern und anleiten, selbst Gutes für Ihr Pferd zu tun.

Die Vorfahren von Irina Keller und mir waren Pferdezüchter und -halter. Wir beide sind mit Pferden groß geworden und haben viel von unseren Eltern und Großeltern über Pferde gelernt. Als Kind nahm ich ein Jahr lang am Voltigier-Unterricht im Reitverein Dülmen teil, bevor ich mit zwölf Jahren dort meine ersten Reitstunden erhielt. Irina Keller hat es sogar bis zu Westfalenmeisterin im Voltigieren gebracht. In unserer Jugend hatte ein Reitverein üblicherweise einen Reitlehrer angestellt, der uns auch theoretischen Unterricht über Pferdekunde, Pferdekrankheiten, Hufpflege, Gewährsmängel, Reitlehre und vieles mehr erteilte. Dadurch wurden wir mit einem hippologischen Grundwissen ausgestattet, von dem wir bis heute im Umgang mit Pferden profitieren. Durch die veränderten Strukturen in Reitvereinen und Pferdeställen findet diese Prägung nicht mehr statt, sehr zum Nachteil der Pferde. Während der osteo- und physiotherapeutischen Behandlungen sagen uns Pferdebesitzer immer wieder, dass sie sich allein gelassen fühlen und deshalb sehr unsicher sind, was sie tun sollen, wenn ihr Pferd Taktunreinheiten zeigt, plötzlich beim Reiten blockiert, häufig stolpert, beim Satteln mit Abwehr reagiert, den Rücken wegdrückt usw. Auskünfte wie: „Der ist nur kitzelig“ oder: „Es gibt Pferde, die machen das eben“ sind wenig hilfreich und intuitiv wissen viele Pferdebesitzer, dass diese Aussagen nicht stimmen können.

Wir wollen Ihnen deshalb aus unserer jahrelangen hippologischen und therapeutischen Erfahrung heraus hilfreiche Handgriffe vermitteln und Ihre Wahrnehmung für die Beweglichkeit Ihres Pferdes und seiner Strukturen intensivieren. Das Pferd schenkt uns sein Vertrauen und ist bereit, sich uns unterzuordnen, obwohl es viel stärker ist als wir Menschen. Es ist unsere Pflicht, dieser Großartigkeit mit Respekt und Wissen zu begegnen und uns immer hippologisch weiterzubilden.

Irina Keller

»Vertrauen Sie Ihrem Pferd und Ihren Händen! Sie sind auf dem besten Weg, ‚greifbar' Gutes zu tun.«

Mit dieser Haltung begegnen wir jedem Pferd, welches wir osteopathisch und physiotherapeutisch behandeln. Und wenn wir es nach der Behandlung frei durch die Reithalle traben und galoppieren sehen und die Pferdebesitzer und wir dabei beobachten, wie es sich von Runde zu Runde im wahrsten Sinne des Wortes freiläuft, glauben wir, zu seinem Wohl gehandelt zu haben.

In diesem Sinne wünschen wir, auch im Verbund mit Erika Müller-Rüschenbeck, die freundlicherweise den Beitrag über die Anwendung der von ihr entwickelten Herbertkugeln geschrieben hat, dass sich Ihre Pferde bei Ihnen in guter Hand fühlen.

Irina Keller
Beatrix Schulte Wien

Das Wohlergehen der Pferde sollte uns immer am Herzen liegen.

ZUM WOHL DER PFERDE

Warum wir dieses Buch schreiben? Kurz gesagt: Weil jedes Pferd ein Recht auf Gesundheit und Wohlergehen hat. Jeder Reiter und Pferdebesitzer hat dafür Sorge zu tragen und muss sich genügend Kenntnisse von den Bedürfnissen des Pferdes erwerben. Mit diesem Buch wollen wir Ihnen als Reiter/Pferdebesitzer sinnvolle Maßnahmen an die Hand geben – im wahrsten Sinne des Wortes – und Ihnen zeigen, wie Sie mit Ihren Händen zur Gesunderhaltung Ihres Pferdes beitragen können.

URSACHENFORSCHUNG

Von der bekannten Heilerin Hildegard von Bingen (1098 – 1179) ist die Aussage überliefert, dass gegen jedes Leiden ein Kraut gewachsen ist. Das gilt aber nicht für jede Bewegungsabweichung oder jede Lahmheit. Es ist auch nicht gesichert, dass Physiotherapie oder Osteopathie grundsätzlich dabei hilft.

Es muss zunächst ermittelt werden, wodurch die Lahmheit ausgelöst wurde. Drückt das Hufeisen, weil es zu eng ist oder die Beschlagperiode überschritten wurde? Drückt der Sattel, weil er nicht (mehr) richtig passt? Klemme ich als Reiter einseitig mit dem Knie oder einer Hand? Bin ich vielleicht zu schwer für mein Pferd? Oder liegt eine Kombination der genannten Faktoren als Ursache vor? Diese Auslöser müssen zunächst abgestellt werden, erst dann können der Therapeut und Sie mit physio- oder osteotherapeutischen Maßnahmen dem Pferd nachhaltig helfen.

Schon einfache Handgriffe helfen dem Pferd in die Entspannung.

Eine feine Kommunikation zwischen Pferd und Reiter ist die Grundlage für ein vertrauensvolles Miteinander.

HAND ANLEGEN

Wir haben dieses Buch nicht geschrieben, um Ihnen den professionellen Therapeuten einzusparen und Sie stattdessen zum „Quickmaster" auszubilden. Vielmehr wollen wir Ihnen mit einfach auszuführenden, gefahrlos anzuwendenden Handgriffen eine Anleitung geben, wie Sie Ihrem Pferd vorbeugend oder rehabilitativ (nach einer osteo- oder physiotherapeutischen Behandlung) helfen können, wieder sein körperliches und damit verbunden auch sein psychisches Gleichgewicht zu finden.

Eine gute Kommunikation von Mensch und Pferd und die frühzeitige Wahrnehmung des Reiters, dass Unwilligkeiten des Pferdes beim Reiten, Putzen oder Satteln schmerzbedingt sein können und nicht launenhafte Widersetzlichkeiten sind, ist die beste Grundlage für ein vertrauensvolles Miteinander.

Die Auslöser von Verhaltensauffälligkeiten müssen zunächst abgestellt werden, um Erfolg bei den Eigenbehandlungen zu erzielen und die Freude an der Arbeit (wieder) zu erlangen.

Vor Kurzem berichtete mir eine Dressurreiterin, dass ihr S-Dressurpferd sehr schreckhaft sei und gerade in den Ecken häufig unvermittelt wegspringe. Nachdem ich das Pferd behandelt und diverse Blockierungen in der Brust- und Lendenwirbelsäule gelöst hatte, telefonierten wir einige Tage später miteinander. Die Besitzerin erzählte freudig, dass ihr Pferd beim Reiten viel ausgeglichener sei und das Problem in den Ecken nicht mehr auftreten würde. Es sei jetzt so fein zu reiten und beide hätten Freude an der Arbeit. Offenbar konnte das Pferd, bedingt durch die Blockierungen in der Wirbelsäule, die Längsbiegung nicht schmerzfrei durchführen, es konnte sich nicht um den Reiterschenkel biegen und hat sich durch „Erschrecken" entzogen.

AUF DEM PRÜFSTAND

Ihrem Pferd zuliebe sollten Sie auch bedenken, dass es durch sein soziales Umfeld gestresst sein könnte, z. B. weil es sich nicht mit seinem Nachbarn und/oder seinem Gegenüber versteht. Wenn Sie feststellen, dass Ihr Pferd seine Nachbarn „angiftet", gegen die Boxenwand tritt, die Ohren anlegt oder in die Luft beißt, bedeutet das Stress – möglicherweise 23 Stunden am Tag. Dann sollten Sie Ihr Pferd umstellen, denn derartiger Stress ist nicht durch Handgrifftechniken zu therapieren. Seien Sie auch aufmerksam, wenn Ihr Pferd in einem Aktiv-Stall lebt. Bedauerlicherweise werden diese immer wieder überbelegt, wodurch viele Pferde ebenfalls in Stress geraten, weil sie ihren dominanteren Kollegen nicht genügend ausweichen können.

BEWEGUNG

Wie steht es mit der freien Bewegungsmöglichkeit Ihres Pferdes? Gibt es eine Weide oder ein großes Paddock, auf dem Ihr Pferd auch galoppieren kann? Das Angebot der Bewegung in einer Führanlage ist zwar dem Herumstehen in der Box vorzuziehen, es ist aber alles in allem auf Dauer sehr reizlos und langweilig und stellt keinen pferdegerechten Auslauf dar. Gerne empfehle ich Ihnen in diesem Zusammenhang die Broschüre "Leitlinien zur Beurteilung von Pferdehaltungen unter Tierschutzgesichtspunkten". Sie können Sie kostenlos bestellen (siehe Serviceteil).

FUTTERCHECK

Ein weiterer Punkt für das Wohlbefinden Ihres Pferdes ist das Futter. Ist der Lagerort des Kraftfutters sauber und trocken? Wird

01

die Futterkiste oder der Futterwagen regelmäßig gereinigt? Können Nager an die Futtersäcke? Sind Heu und Stroh schimmelfrei? Schimmel beeinträchtigt den Stoffwechsel und damit die Gesundheit Ihres Pferds viel stärker, als es uns bewusst ist.
Wie sehen der Hafer und das Müsli aus? In unserem Stall haben wir vor einigen Jahren folgenden Test gemacht: Wir haben zwei Marmeladengläser mit Hafer befüllt: Eines mit dem preiswerten Hafer eines günstigen Lieferanten und eines von einem namhaften Hersteller, der mir auf meine telefonische Anfrage hin mitteilte, dass sein Hafer mehrfach gereinigt und deshalb quasi staubfrei sei, deshalb aber auch teurer. Der Unterschied war eklatant. Alleine bei der visuellen Betrachtung war der Staub in dem preiswerten Hafer, der nur einmal gereinigt worden war, überall sichtbar und setzte sich am Rand des Glases ab, während der mehrfach gereinigte Hafer so gut wie keine Spuren im Glas hinterließ.
Beim Müsli sollten Sie einen Blick auf den Futtersack werfen. Dort sind die Bestandteile der Mischung angegeben. Es ist wichtig, dass der Zuckeranteil nicht zu hoch ist. Der Anteil von Melasse, Dextrose, Rübenschnitzel und anderen Zuckerkomponenten sollte zusammen nicht höher als 4 % sein. Zu viel Kraftfutter und zu viel Zucker wirken sich als Übersäuerung äußerst negativ auf den Muskelstoffwechsel des Pferdes aus. Auch dieses Problem können physio- und osteotherapeutische Handgriffe nicht lösen.

02

01 Die Ausrüstung wird geprüft. Sie darf die Beweglichkeit und Leistungsbereitschaft des Pferdes nicht begrenzen.

02 Fragen Sie einen geschulten Therapeuten, wenn Sie bei der Ausführung der Physiogriffe unsicher sind.

WELLNESS FÜR MENSCH UND PFERD

Sie werden feststellen, dass auch Sie, wenn Sie gestresst von der Arbeit im Pferdestall ankommen, „herunterfahren", wenn Sie die entspannenden Handgriffe anwenden und dabei spüren, wie Ihr Pferd relaxt. Sie profitieren also beide davon.
Auch können Sie mit der Lösungsphase für Ihr Pferd schon vor dem Aufsitzen beginnen, indem Sie mit den in diesem Buch gezeigten Handgriffen Muskeln, Faszien, Bindegewebe und Gelenke mobilisieren und Ihrem Pferd damit ein Wellnessprogramm bieten.
Nehmen Sie gern dieses Buch und fragen Sie Ihren Therapeuten oder Ihre Therapeutin nach den für Ihr Pferd passenden Handgriffen, wenn Sie unsicher sind. Lassen Sie sich anleiten, denn es wird vorteilhaft sein, dass er oder sie Ihnen keine Übungen aufschreiben oder skizzieren muss, sondern mit diesem Buch auf eine professionelle Anleitung zurückgreifen kann.

DEN PFERDEKÖRPER VERSTEHEN

—*Wissen, spüren und behandeln*

GUT ZU WISSEN – PFERDEGESUNDHEIT

In diesem Buch möchten wir Ihnen zeigen, wie Sie Ihrem Pferd selbst Gutes tun können: durch einfache Physiogriffe, die kleinere Verspannungen lösen, die Gesundheit Ihres Pferdes unterstützen und erhalten und sein Wohlbefinden steigern.

Wir laden Sie herzlich ein, mit Ihrem Pferd aus der Bodenperspektive eine gute Zeit zu verbringen und über die Sprache der Hände im Austausch mit den Geweben in einen Dialog mit dem Pferd zu treten. Unsere Erfahrung zeigt, dass Besitzer, die mit den eigenen Händen Ihre Pferde „begreifen", im Laufe der Zeit ein feines Gespür für die Gewebe und ihren Zustand entwickeln. Sie sind schneller in der Lage, ein gesundheitliches Ungleichgewicht, eine Verspannung oder allgemein eine Überforderung des Pferdes zu erkennen. So ist es nicht verwunderlich, dass durch die Anwendung von Handgriffen und Massagetechniken eine feste und vertrauensvolle Bindung zwischen Mensch und Pferd entsteht. Vielleicht motivieren wir Sie, das eigene Pferd und seine Bedürfnisse, seine Grenzen und seine Möglichkeiten besser kennenzulernen.
Am Ende dieses Buches werden Sie kein Physiotherapeut für Pferde sein. Dafür bedarf es einer tiefgreifenden anatomischen Ausbildung und der praktischen Anleitung durch erfahrene Fachleute. Auch für die Kenntnisse der Krankheitslehre können wir im Rahmen dieses Buches nicht das erforderliche Know-how vermitteln, das es für die Behandlung und Rehabilitation kranker und verletzter Pferde bedarf. In unserem Buch „Osteopathie für Pferde" (siehe Seite 111) finden Sie weitergehende Ausführungen zur Anatomie des Pferdes, die Ihnen beim Anwenden der hier gezeigten Grifftechniken an Ihrem eigenen Pferd helfen werden. Auf den folgenden Seiten stellen wir Ihnen die wichtigen Grundlagen für das sichere und erfolgreiche „Begreifen" Ihres Pferdes vor.

DAS PFERD BEGREIFEN

Das wichtigste Instrument zur Behandlung des Pferdes sind Ihre Hände. Sie werden nach und nach geschult im Erfühlen von Temperatur, Verspannungen, Verhärtungen, Verdichtungen und jeglichen Veränderungen, die nach dem Training oder nach einer Verletzung auftreten können. Im Laufe der Zeit können Sie beinahe vorhersehen, welche Stelle, welcher Griff dem Pferd im nächsten Moment Schmerzen bereitet und Ihre Hände an die Schmerzgrenze des Pferdes anpassen. Natürlich werden die Hände auch lernen, zu erspüren, wenn die Gewebe nach einer Massage sprichwörtlich aufatmen, weicher und lockerer werden und das Pferd als Antwort auf Ihr Handgefühl sichtbar kaut und durchatmet.

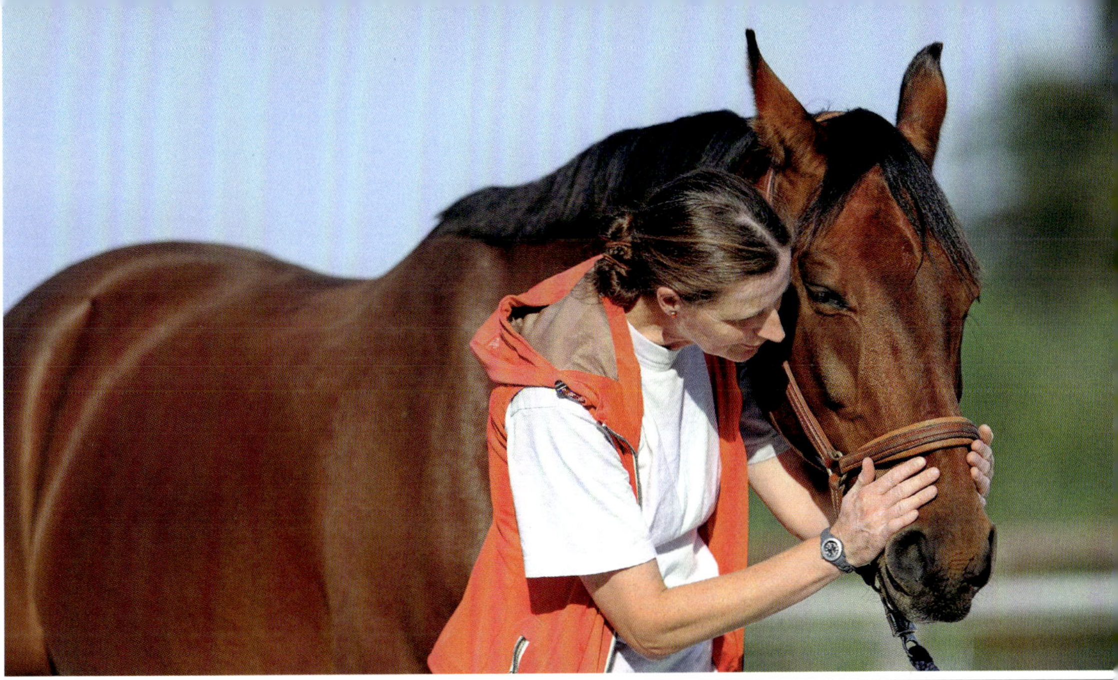

Das aufmerksame und zugewandte „Begreifen" Ihres eigenen Pferdes wird Ihre Hände schulen und Ihre vertrauensvolle Beziehung vertiefen.

PHYSIOTHERAPIE – WAS IST DAS?

Die Physio- und Osteotherapie am Pferd hat in den vergangenen 20 Jahren einen großen Aufschwung erlebt. Unterstützt werden nicht nur Sportpferde, deren Leistung optimiert werden soll. Auch die Lebensqualität von Freizeitpferden, Therapiepferden, Zuchtstuten und Rentnern kann verbessert werden. Was genau verstehen wir unter Physiotherapie? Die Physiotherapie ist eine Form der äußerlichen Anwendung von Behandlungstechniken und Heilmitteln, mit der vor allem die Bewegungs- und Funktionsfähigkeit des Körpers wiederhergestellt werden soll. Vielfach werden in einem Pferdeleben die Muskeln und die Gelenke in ihrer Beweglichkeit und Arbeitsfähigkeit eingeschränkt und überfordert. Kleine, oft still verlaufende Mikrotraumen (Kleinstverletzungen) und Entzündungen der Gewebe rufen mit der Zeit Schmerzen hervor. Dadurch schleichen sich Veränderungen in der Körperhaltung ein, die mitunter zu weiteren Folgeschäden und Lahmheiten führen. Bleibt dieser Zustand bestehen, kommt es zu umliegenden weiteren Schutzblockierungen in den Gelenken und Geweben – ein Teufelskreis aus Schmerz, Lahmheit und Bewegungseinschränkung. Er wird immer auch zur Einschränkung der gesamten Lebensqualität des Pferdes führen. Ziel der Physiotherapie ist es hier, den Teufelskreis zu unterbrechen und über präventive, akute oder rehabilitative Maßnahmen das Pferd zurück in die Spur von Vitalität und Gesundheit zu begleiten. Mithilfe der Physiotherapie kann die mögliche individuelle sportliche Leistung eines Pferdes erhalten oder verbessert werden.

Mit zunehmendem anatomischen Wissen werden die Hände bei der Anwendung immer sicherer und präziser.

Behalten Sie Ihr Pferd im Blick. So erkennen Sie übermäßige Belastungen rechtzeitig.

Daher ist es sinnvoll, vierbeinige Leistungssportler auch in den Wettkampfphasen physiotherapeutisch zu begleiten. Für Besitzer, Reiter und Pfleger kann es sehr hilfreich sein, entspannende und lösende Griffe zu kennen, um sie nach langen Transporten und zwischen den einzelnen Prüfungen an Wettkampfwochenenden anzuwenden. Ein weiteres Aufgabengebiet der Physiotherapie ist die Akuttherapie. Nach Traumata oder Operationen verbessern physiotherapeutische Maßnahmen die Heilung. Nicht zu vergessen sind die Möglichkeiten beim alten Pferd. Hier ist das Ziel, die Lebensqualität auf bestmöglichem Niveau zu halten und die Beweglichkeit für die lebensnotwendigen Aktivitäten der Nahrungsaufnahme, der Kommunikation in der Herde, dem Wälzen, Hinlegen und Wiederaufstehenkönnen zu sichern.

Vertrauen Sie Ihren Händen und der Meinung Ihres Pferdes, wenn Sie beginnen, sich einige Handgriffe anzueignen.

GESUNDHEITSKONZEPTE

Die Vermittlung gesundheitlicher Konzepte und das Erstellen von Plänen für das richtige individuelle Trainingsmaß gelingen am besten im Team mit Trainer und Therapeut. Wird falsch trainiert, vielleicht auch, weil die Kenntnis der modernen Trainingslehre fehlt, entstehen Schäden durch Fehl- und Überlastung der Pferde.

DEM PFERD GUTES TUN

Selbst Hand anlegen, warum eigentlich? Es gibt viele Gründe, die Sie motivieren können, Ihr Pferd mit bestimmten Griffen oder Massagen zu unterstützen. Hier ein paar Beispiele:

— Sie werden die Beweglichkeit Ihres Pferdes erhalten und möglicherweise sogar verbessern.
— Sie werden Verspannungen erkennen und lösen können.
— Bei bestehenden Verspannungen können Sie Schmerzen durch die behutsame Anwendung der Physiogriffe lindern.
— Nach Absprache mit Ihrem Tierarzt und Therapeuten können Sie helfen, zielgerichtet die Therapie und die Heilung Ihres Pferdes nach einer Erkrankung oder einer Verletzung zu unterstützen.
— Sie werden mit der Zeit in der Lage sein, Probleme und Gewebeschäden an Ihrem

eigenen Pferd schneller zu erkennen und es so vor schwerwiegenden chronischen Schäden schützen können.

— Liebevolle und achtsame Handgriffe lösen beim Pferd Wohlbefinden aus, wodurch sich die Gesundheit und Lebensqualität nachweislich positiv beeinflussen lässt.
— Ein lockeres, durchlässiges, bewegliches Pferd kann seinen Leistungsstand spielerisch erweitern oder halten und wird eine hohe Leistungsbereitschaft für Sie zeigen.
— Sie werden sich auch außerhalb des Sattels intensiv und nachhaltig sinnvoll mit Ihrem Pferd beschäftigen können und Ihre Beziehung dadurch vertiefen.
— Einfach, um Gutes zu tun – für Ihr Pferd, weil es Ihre Anwendung genießen kann. Und für Sie selbst, weil Sie währenddessen im Hier und Jetzt ankommen werden, um zu entschleunigen und die kostbare Zeit mit Ihrem vierbeinigen Freund zu genießen.

Beim Begleiten und Behandeln Ihres eigenen Pferdes ist auch der Weg das Ziel. Es ist in Ordnung, auf dem Weg die Ziele zu verändern und neu zu definieren. Seien Sie offen und neugierig und lassen Sie Ihr Pferd zu Wort kommen, wenn es Ihre Hände und die Griffe hinterfragt und Ihnen neue Vorschläge macht. Ihr Pferd ist ein wunderbarer Lehrmeister und wird Ihnen mitteilen, welche Physiogriffe ihm Gutes tun und welche Sie noch optimieren können, um Wohlbefinden zu spenden.

GESUNDHEITS-CHECK

Grundsätzlich kann man bei allen Störungen des Bewegungsapparats die helfende Hand anwenden. Wichtig ist: Stellen Sie sicher, dass Ihr Pferd von einem Tierarzt und einem ausgebildeten Therapeuten untersucht wird, wenn es Vorerkrankungen gibt, die durch die Behandlungsgriffe negativ beeinflusst werden könnten, wenn es akut

Vor der Behandlung wird der Bewegungsablauf des Pferdes beurteilt. Auffälligkeiten werden vermerkt.

Die Muskeln und Faszien am Unterkiefer kann jeder Reiter mit leichtem Druck der Fingerkuppen mobilisieren.

krank ist oder Lahmheiten zeigt. Im Team Tierarzt – Therapeut wird dieses Buch Ihnen helfen, die richtigen Griffe und Anwendungen zu wählen, mit denen Sie Ihr Pferd sanft auf dem Wege der Heilung unterstützen oder es durch die Wellnessbehandlung gesund erhalten können.
Dieses Buch wurde vor allem geschrieben, um Ihnen die Möglichkeit zu geben, Ihrem gesunden Pferd etwas Gutes zu tun. Es ist kein Ersatz für eine gründliche fachkundige Untersuchung und Behandlung durch einen Tierarzt und einen ausgebildeten Therapeuten!

PAT-WERTE

Sicher haben Sie schon von den sogenannten PAT-Werten gehört, die Ihnen helfen können, in kurzer Zeit zu erfassen, ob Ihr Pferd akut krank oder verletzt ist. Überprüft wird die Herzfrequenz (Puls), die Atemfrequenz und die Temperatur.
An verschiedenen Stellen des Pferdekörpers verlaufen die Arterien so nah an der Oberfläche, dass der Puls (also der Herzschlag des Pferdes) gefühlt werden kann. So können Sie die Herzfrequenz kontrollieren. Sie liegt in Ruhe bei 28 bis 40 Schlägen pro Minute. Bei körperlicher Arbeit kann die Frequenz auf 220 bis 240 Schläge pro Minute steigen. Die Atemfrequenz in Ruhe liegt zwischen 8 und 16 Atemzügen in der Minute. Bei Belastung kann sie sich auf bis zu 150 Atemzüge pro Minute erhöhen. Pro Atemzug atmet das Pferd ca. 6 bis 8 Liter Luft ein und wieder aus. Das Lungenvolumen eines 500 kg schweren Pferdes beträgt ca. 50 Liter. Training und Stresssituationen können die Werte verändern, sie sollten sich dann aber wieder auf die Ruhewerte zurückregulieren, sobald das Training oder der Stress beendet

PAT-WERTE

Puls: 28–40 Schläge pro Minute
Atemfrequenz: 8–16 Atemzüge pro Minute
Temperatur: 37,5–38,2 °C

ist. Pferde, die aus unterschiedlichen Gründen unter starken Schmerzen leiden, können darauf ebenso mit erhöhter Temperatur oder sogar Fieber reagieren wie bei Infektionskrankheiten oder Koliken. Selbstverständlich gilt es dann, den Tierarzt zu rufen.

ENTZÜNDUNGEN

Grundsätzlich können auch Entzündungen (tierärztlich abgeklärt) mit sensibel angewandten Handgriffen behandelt werden. Nach tierärztlicher Rücksprache können Sie Maßnahmen wählen, die Schmerzen lindern und Schwellungen abbauen, wie z. B. Ausstreichungen und sanfte, langsame Mobilisationen im schmerzfreien Bereich. Auch hierbei sollten Sie den qualifizierten Beratern an Ihrer Seite vertrauen und Rat einholen, bevor Sie gut gemeint die Situation verschlechtern. Hier ist weniger meistens mehr! Auch ergänzende Maßnahmen aus der physikalischen Therapie sind sehr erfolgreich: Bekannt ist in der Regel, dass auf Entzündungen keine Wärme appliziert wird. Kühlen ist meist die Methode der Wahl. Besteht eine akute Entzündung, verzichtet man selbstverständlich auf Trainingsreize und andere Maßnahmen, die die entzündeten Strukturen überlasten.

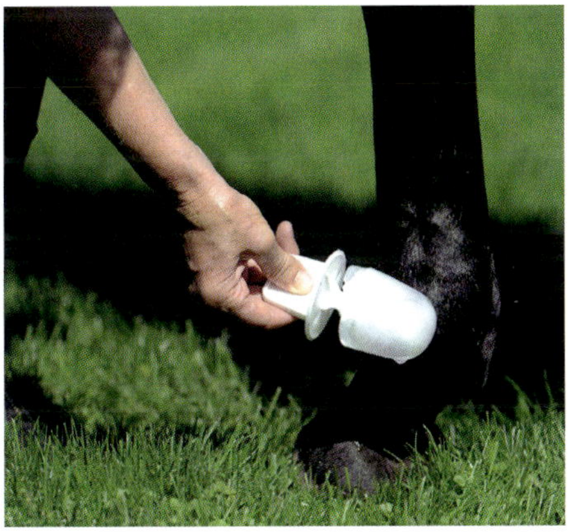

Der Eislolli ist das Mittel der Wahl bei Entzündungen.

ENTZÜNDUNGEN

- Kennen Sie die klassischen Zeichen einer Entzündung?
- Rötung
- Wärme
- Schmerz
- Schwellung
- Bewegungseinschränkung

MÖGLICHKEITEN UND GRENZEN

Arbeiten Sie mit Ihrem Tierarzt und Physiotherapeuten, Osteotherapeuten, Reitlehrer und Hufbearbeiter eng zusammen, zum Wohle Ihres Pferdes, und lassen Sie sich beraten, inwiefern Sie die Therapien und Maßnahmen der professionellen Hände an Ihrem Pferd mit Ihren eigenen sinnvoll unterstützen können.

Handgrifftechniken sind sinnvoll:

- bei Schmerzanzeichen des Bewegungsapparates;
- bei unterschiedlichen Formen der Lahmheit (zuvor tierärztlich abgeklärt);
- bei einer einseitigen Kopfhaltung und/ oder Schweifhaltung in Ruhe und bei der Arbeit;
- bei Steifheit des Halses, Kopfschlagen;
- bei Auffälligkeiten beim Putzen, Satteln, Gurtzwang, Satteldruck;
- bei einem Pferd, das sich ungern die Beine aufnehmen lässt;
- bei einer andauernden Steifheit und Widersetzlichkeit gegen die Reiterhilfen;
- bei Taktfehlern in den verschiedenen Gangarten;
- bei einem Leistungstief;
- als Betreuung und Management von Sportpferden;
- in jedem Falle so schnell wie möglich nach einer durchgemachten Erkrankung, sofern danach Bewegungsveränderungen bestehen;
- bei chronischen Erkrankungen zur Verbesserung des Allgemeinzustands;

- nach einem schweren Sturz, um eine Veränderung der Struktur, die nicht unbedingt sichtbar ist, zu behandeln;
- nach einer Komplikation beim Abfohlen;
- zur Erhaltung der Vitalfunktionen und Beweglichkeit des alten Pferdes;
- als Wellness fürs Pferd.

Physiotherapeutische Handgrifftechniken als Eigenmaßnahme dürfen nicht angewendet werden:

- bei Fieber;
- bei Infektionskrankheiten und damit zusammenhängend schlechtem Allgemeinzustand;
- bei offenen Wunden, frischen Blutungen, frischen Frakturen (Knochenbrüchen);
- bei Erkrankungen des Gehirns und des Nervensystems;
- bei Tumorerkrankungen;
- in der frühen Trächtigkeitsphase.

DER PFERDEKÖRPER

Die in diesem Buch gezeigten Handgrifftechniken wirken auf die Muskulatur, die Sehnen und Faszien, aber auch auf die passiven Bestandteile des Bewegungsapparates wie Bänder, Knochen und Gelenke. Physiogriffe fördern auch die Flüssigkeitsver- und -entsorgung mit Blut und Lymphe in den Körpergeweben. Diese ist für die Fähigkeit zur Selbstheilung elementar und bildet eine wichtige Basis für Gesundheit, Wohlbefinden und Vitalität. Daher schauen wir uns die Zusammenhänge im Folgenden etwas näher an.

DAS SKELETTSYSTEM

Die Knochen in ihrer Gesamtheit bilden das Skelett. Sie stellen im Zusammenspiel mit der Muskulatur die Bewegung sicher und übernehmen eine wesentliche Schutzfunk-

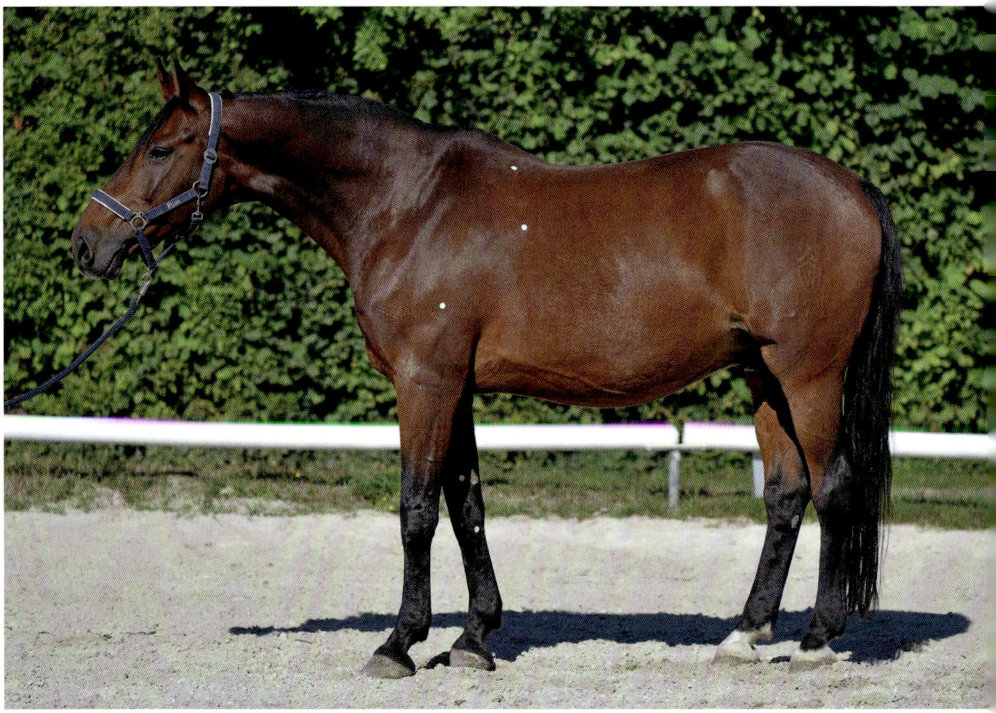

Dieses Pferd hat sein Gewicht deutlich auf die Vorhand verlagert. Zur Entlastung der Muskulatur hilft die Akupressur der weiß gekennzeichneten Punkte.

tion für die Weichteile und Organe, wie z. B. Herz, Lunge, Magen und Darm, Neben dieser Stütz- und Schutzfunktion besitzt der Knochen auch wichtige Stoffwechselfunktionen (Blutbildung und Mineralstoffhaushalt).
Das Pferd besitzt insgesamt 215 Knochen. Wie nahezu alle Säugetiere verfügt es über 7 Halswirbel. Die Brustwirbelsäule besteht aus 18 Wirbeln, die Lendenwirbelsäule in der Regel aus 6 Lendenwirbeln und beim Kreuzbein sind 5 Wirbel zu einem Knochenstück verschmolzen. Die Schweifwirbel variieren in ihrer Zahl zwischen 18 und 24 Wirbeln. Im Unterschied zum menschlichen Skelett fehlt dem Pferd das Schlüsselbein. Dies ist der Grund für die starke sehnig-muskulöse Verbindung zwischen dem Rumpf und den Vorderbeinen des Pferdes. Eine knöcherne Verbindung besteht hier nicht.

DAS MUSKELSYSTEM

Die Muskeln liegen dem Skelett auf. Sie ziehen über ein oder mehrere Gelenke und wachsen mit ihren Endsehnen über einen Ursprung und einen Ansatz regelrecht in die Knochenhaut hinein. Den fleischigen Anteil des Skelettmuskels bezeichnet man als Muskelbauch. Die Hauptaufgabe des Muskelsystems ist die Fortbewegung und die aufrechte Haltung gegen die Schwerkraft. Beim Pferd können 250 paarige und einige unpaarige Muskeln unterschieden werden. Viele dieser Muskeln dienen der Fortbewegung. Einige Muskeln schließen Körperhöhlen (Brust- und Bauchhöhle) ein oder grenzen sie voneinander ab. Dazu gehören die Zwischenrippenmuskeln, das Zwerchfell und die großen Bauchmuskeln. Ihre wichtigste Aufgabe ist die Unterstützung der Atmung.

DER BLUTKREISLAUF

Die Ver- und Entsorgung unserer Zellen beruht ebenso wie die Kommunikation zwischen den Zellsystemen durch chemische

Ein gut trainiertes Pferd mit ausgeprägter Hinterhandmuskulatur überwindet problemlos ein festes Hindernis.

Botenstoffe auf der unablässigen Zirkulation des Blutes durch den Körper. Auch eine Verknüpfung der unterschiedlichen Körpergewebe ist durch das Blut gegeben. Dies gilt sowohl für Menschen als auch für Tiere. Das Blut hat zu allen Organen eine Verbindung. Lediglich in Sehnen- und Knorpelgeweben, Menisken und Bandscheiben findet keine direkte Blutversorgung statt. Diese Gewebe werden durch mechanischen Druck und Zug per Diffusion ernährt.
Ein 500 kg schweres Pferd besitzt etwa 38 bis 45 Liter Blut, abhängig von Alter, Trainings- und Ernährungszustand. Ebenso wie beim Menschen wird das Kreislaufsystem des Pferdes in einen großen und einen kleinen Blutkreislauf unterteilt. Der große Kreislauf wird auch als Körperkreislauf bezeichnet, weil er das sauerstoffreiche Blut von der linken Herzkammer in den Körper verteilt. Damit wird die Durchblutung aller lebensnotwendigen Organe und Muskeln und der Rücktransport des sauerstoffarmen Blutes zur rechten Herzhälfte sichergestellt. Der kleine Blutkreislauf, den man auch Lungenkreislauf nennt, befördert das sogenannte verbrauchte Blut von der rechten Herzkammer zur Lunge. Hier findet der

001
Zum Film: Pferdegesundheit

Gasaustausch statt. Das wieder mit frischem Sauerstoff angereicherte Blut gelangt zur linken Herzkammer und wird von dort in den Körper gepumpt.
Eine freie Beweglichkeit der Rippen ist für die Atmung und damit für die Leistungsfähigkeit des Pferdes unerlässlich. Nur so kann ein reibungsloser Herzkreislauf funktionieren. Die Muskulatur wird durch das arterielle Blutsystem mit Sauerstoff und Nährstoffen versorgt. Das sauerstoffreiche Blut wird von der linken Herzkammer in die Aorta (Hauptschlagader) gepumpt und von dort in die abgehenden Arterien weitergeleitet. Die Arterien verzweigen sich in immer kleiner werdende Gefäße bis zu den Arteriolen. Diese verbinden sich in kleinsten Verästelungen mit den Venolen und stellen das Kapillarsystem dar. Hier findet der Gasaustausch mit dem Gewebe statt.
Auch die Versorgung der Gewebe mit Nährstoffen läuft in diesem Prozess ab und genau hier setzen viele unserer Behandlungsmaßnahmen mittels unserer Hände an! Sie können diese wichtigen Austauschprozesse unterstützen und wesentlich zur Verbesserung der Regeneration beitragen.
Der Rücktransport des nun sauerstoffarmen Blutes verläuft über die Venen und mündet in der rechten Herzhälfte.

Hart gefüllte Sattelkissen drücken sich in die Muskulatur des Pferdes und behindern die Blutzirkulation.

REINIGUNG

Die Reinigung der Muskeln und Bindegewebe sind für unsere Selbstheilungskräfte, unser Immunsystem und unsere Vitalität von großer Bedeutung. Auch hierbei können die in diesem Buch gezeigten Physiogriffe die Bindegewebe Ihres Pferdes unterstützen.

Angelehnt an das venöse System transportieren ebenso die Lymphgefäße Flüssigkeiten aus den Geweben herzwärts und sorgen für den Abtransport von Abfallprodukten im Muskelgewebe (z. B. Laktat).

DIE GESUNDE MUSKULATUR

Ein schlecht durchbluteter Muskel verliert mit der Zeit seine Leistungskraft und übersäuert. Zu Durchblutungsstörungen kann es z. B. durch Kompressionen kommen: ein schlecht sitzender Sattel, ein einseitig einwirkender Reiter oder zu stramm geschnalltes Zaumzeug zählen dazu. Auch eine stark verspannte Muskulatur, Narben und Blockierungen können die Durchblutungssituation lokal verschlechtern. Grundsätzlich ist gesunde Muskulatur in lockerem Ruhezustand weich, elastisch, dehnfähig und kann sich jederzeit kraftvoll anspannen. In der Realität finden wir beim Pferd häufig sehr feste, verspannte und auch verkürzte Muskeln. Hält der verspannte Zustand dauerhaft an, verschlechtert sich auch innerhalb der Gewebe und Muskulatur die Durchblutung und die Abfallprodukte der Muskelzellen werden nicht vollständig resorbiert und abtransportiert.
Der Teufelskreislauf aus Übersäuerung und Verspannung wird zum neuen „Normal", wodurch die Muskulatur mit der Zeit ihre Dehnfähigkeit und Elastizität verliert. Dadurch wird sie verletzungsanfälliger.

Zuerst muss die verspannte Rückenmuskulatur gelockert werden, erst dann kann die Bauchmuskulatur effektiv gekräftigt werden.

Verkürzte Muskeln begrenzen auch die Bewegungsfreiheit der Gelenke und verändern die Körperhaltung. Bewegungen können so unökonomisch werden, das Stehen wird anstrengend und die Gelenke werden nicht achsengerecht belastet. Sie sehen also, wie viele Vorteile es hat, eine gute Hand für die Muskulatur Ihres Pferdes zu entwickeln und verspannten Muskeln wieder zu besserer Durchblutung zu verhelfen.

DER MUSKELTONUS

Mit ein wenig Übung werden Sie bald in der Lage sein, zwischen verspannten, schmerzenden Geweben und gesunder, lockererer Muskulatur Unterschiede festzustellen. Sie können den Spannungszustand der Gewebe Ihres Pferdes beurteilen und bewerten. In der Physiotherapie wird der Begriff „Tonus" verwendet.

Normotonus

Der gesunde, „normale" Zustand der Muskulatur ist weich, frei von Knötchen (Myogelosen). Gesunde Muskulatur ist dehnbar und elastisch und kann ihre volle Kraft entfalten.

Hypertonus

Ein hypertoner Muskel ist stark verspannt und fühlt sich fest und hart an. Ein dauerhaft verspannter Muskel büßt nicht nur an Dehnungsbereitschaft, sondern auch an Kraftentfaltung und Koordination ein. Das macht ihn verletzungsanfällig.

Hypotonus

Störungen der muskulären Innervation (Erregbarkeit) sind die häufigsten Ursachen eines Muskels, der zu wenig Spannung hat, also hypoton ist.

Sicherlich werden Sie bald feststellen, dass sich der Tonus auch sehr kurzfristig – je nach Aktivitäts- und Erregungszustand und vom Training beeinflusst – und durchaus täglich verändern kann. Unabhängig von einer durch Verspannung, Schmerzen oder Krankheit verursachten Tonusänderung gibt es Pferde, die typ- oder rassebedingt eher hyper- oder hypoton veranlagt sind.

SEHEN, FÜHLEN, HAND ANLEGEN

Mit der Zeit werden Sie lernen, Ihr eigenes Pferd im wahrsten Sinne des Wortes immer besser zu begreifen. Trainieren Sie Ihre Wahrnehmungsfähigkeiten, das Sehen und Spüren.

Das Exterieur des Pferdes kann sich verändern, solange das Pferd lebt. Auch sogenannte Exterieurmängel (wie z. B. Überbautsein) sind nicht in Stein gemeißelt.
Alle Pferde, die wir bisher osteopathisch behandelt haben, wiesen mehr oder weniger starke Verformungen auf. Nachdem sich die mobilisierten/manipulierten Gelenke und die gelockerte Muskulatur wieder harmonisch bewegen konnten, formten sich die Pferde positiv um und bauten sogar Muskeln auf, auch wenn sie zunächst nicht geritten wurden, sondern „nur" gymnastizierende Longenarbeit erhielten und freilaufen durften.
Als Reiter dürfen wir nicht verdrängen, dass wir selbst, z. B. durch einseitiges Einwirken oder ein fehlerhaftes Equipment (hier ist insbesondere der Sattel mit seinen häufig fehlerhaften Druckübertragungen zu nennen), auch das Pferd verformen können. Jeder Verformung geht eine Überlastung voraus, und jede Überlastung ist mit Schmerzen des Pferdes verbunden.

DAS AUGE SCHULEN

Haben Sie sich schon einmal Ihr Pferd in Ruhe von allen Seiten angeschaut? Betrachten Sie es zunächst ungesattelt im Stand von vorn, von der Seite und von hinten.

Vielleicht haben Sie den Eindruck, dass Ihr Pferd überbaut ist, weil die Oberlinie des Rückens von der Kruppe zum Widerrist hin deutlich abfällt? Häufig hat das Pferd die Hinterbeine auch nicht lotrecht unter den Hüftgelenken stehen, sondern nach hinten herausgestellt. Bei anderen Pferden stehen die Vorderbeine nicht im Lot, sondern rückständig unter den Bauch gezogen, wodurch die Brust vorn rausgeschoben wird. Der Brustkorb sinkt zwischen den Schulterblättern ein wenig Richtung Boden, das Pferd lässt manchmal auch den Rücken und den

01 Notieren Sie Ihre Beobachtungen zum Bewegungsablauf Ihres Pferdes.

02 Vergleichen Sie einige Wochen nach der Behandlung und Ihren eigenen Anwendungen, ob sich etwas verändert hat.

01

Bauch „hängen". Die Linie des Unterhalses erscheint Ihnen länger als die Oberlinie des Halses (was auf einen ausgeprägten Unterhals hinweisen könnte)? Möglicherweise fällt Ihnen von vorn eine ungleiche Bemuskelung der Brustmuskulatur auf? Falls Sie länger nicht in einer Abteilung geritten sind, hat Sie noch niemand darauf hingewiesen, dass Ihr Pferd im Becken etwas schief im Raum steht, denn beim Putzen sind Sie meist zu dicht am Pferd, um den kleinen Unterschied zwischen den beiden Beckenhälften zu erkennen.

Sie lesen schon: Es gibt eine Menge zu entdecken und sehen am eigenen Pferd. Machen Sie sich aber nicht verrückt, nicht alles, was wir im Sinne eines „Mangels", Fehlers oder einer Abweichung von der Norm zu sehen glauben, muss dem Pferd Probleme machen und zu einer Krankheit führen. Zunächst geht es einfach darum, das eigene Auge zu schulen, um aufmerksam zu beobachten, wenn Veränderungen geschehen.

Im Anschluss an diese Betrachtung im Stand beurteilen Sie den Bewegungsablauf Ihres Pferdes. Lassen Sie sich Ihr Pferd nur am Halfter auf hartem, ebenem Untergrund von einer anderen Person im Schritt und anschließend im Trab vorführen und beobachten Sie es zunächst von hinten, wenn es von Ihnen weggeführt wird, und anschließend von vorn, wenn es auf Sie zugeführt wird. Notieren Sie Ihre Beobachtungen und vergleichen Sie Ihre Aufzeichnungen über den Bewegungsablauf einige Wochen, nachdem Ihr Pferd z. B. osteopathisch behandelt wurde und/oder Sie selbst Handgriffe durchgeführt haben. Hat sich etwas verändert?

Wenn Ihr Pferd von Ihnen weggeführt wird und Sie es von hinten betrachten, beobachten Sie, ob sich die rechte und linke Kruppe gleichmäßig heben und senken oder ob eine Kruppe verstärkt abfällt. Schauen Sie, ob der Schweif gleichmäßig nach rechts und links pendelt, ob er getragen wird und ob sich die rechte und linke Bauchseite gleichmäßig bewegen. Registrieren Sie dann, ob die Hufe der Hinterhand in einer Linie mit den Hufen der Vorhand aufgesetzt werden, oder ob einzelne Gliedmaßen ausweichende Bewegungen machen.

Beobachten Sie anschließend den Bewegungsablauf Ihres Pferdes, wenn es auf Sie

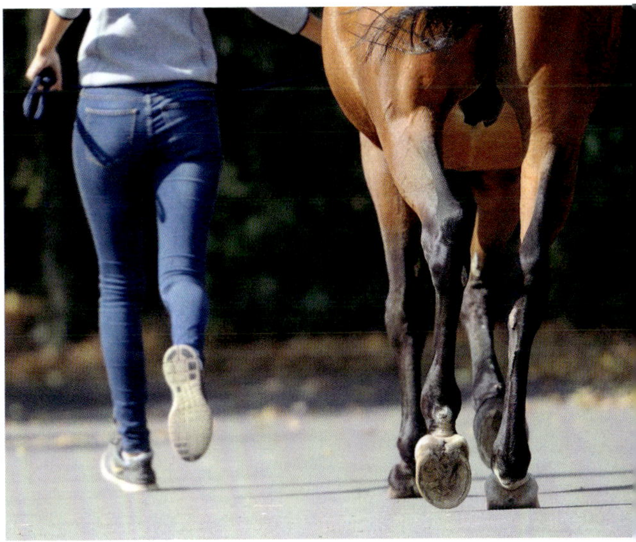

02

Wir haben das Abstreichen nicht nur bei unseren Patienten etabliert. Auch für die eigenen Pferde ist es ein wunderbares Ritual, sowohl die Fähigkeiten des Fühlens zu verbessern als auch zeitnah zu registrieren, wenn sich etwas verändert.

zugeführt wird. Setzt es die Hufe der Vorhand gleichmäßig auf oder hat zuerst die innere oder äußere Hufwand Kontakt zum Boden, wird evtl. zuerst die Hufspitze aufgesetzt, bügelt oder schnürt Ihr Pferd einseitig oder beidseitig?

WERTFREI BEURTEILEN

Ihre Beobachtungen bleiben zunächst ganz einfach Beobachtungen. Im Austausch auf der Stallgasse werden Sie schnell in den Bann blitzartiger Bewertungen gezogen, wenn Sie gemeinsam mit einem Stallnachbarn Ihr Pferd beurteilen. Üben Sie sich bei den Beobachtungen in Geduld und schulen Sie dadurch Ihr Auge.
Erst die fühlenden und tastenden Hände können aus geübten Griffen und Beurteilungen erkennen, ob es sich um diese oder jene „Diagnose" handelt. Allzu vorschnell lassen sich manchmal leider Mitmenschen dazu hinreißen, nur beim Anblick eines Pferdes mit wilden Diagnosen um sich zu werfen. „Der hat einen Wirbel raus", oder „Da ist ganz klar das ISG blockiert." Lassen Sie sich davon nicht beeindrucken – sollten Ihr Auge und Ihre Hände bestätigen, dass bei Ihrem Pferd ein bewegungsbeeinträchtigendes Problem vorliegt, besprechen Sie diese Beobachtung und Erkenntnis am besten mit Ihrem Tierarzt/Therapeuten.

SPÜREN LERNEN

Auf der Suche nach möglichen Verspannungen gehen Sie bitte vorsichtig und gefühlvoll vor. Setzen Sie Ihre Hände als sanft fühlenden „Scanner" ein und streichen Sie das ganze Pferd von beiden Seiten von Kopf bis zum Schweif und Hinterhuf geduldig und konzentriert ab. Der Druck, den Sie dabei in

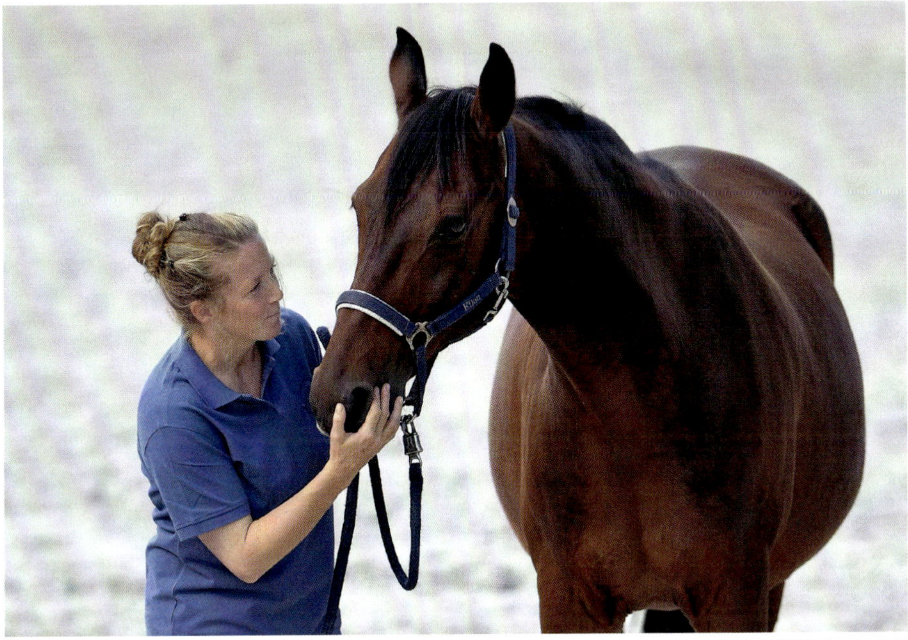

Vor der Anwendung der Physiogriffe wird auch das eigene Pferd geduldig und respektvoll begrüßt. Pferde schnuppern gern neugierig an den angebotenen Händen. Bald wissen sie die freundlichen Berührungen sehr zu schätzen.

Ihre Hände legen, ist zunächst eher oberflächlich, sollte das Pferd allerdings nicht unangenehm kitzeln. Konzentrieren Sie sich auf die Botschaften Ihrer Hände und Fingerspitzen. Möglicherweise nehmen Sie Temperaturunterschiede wahr im Vergleich der beiden Körperseiten. Achten Sie auch auf Schwellungen, Verhärtungen, Einkerbungen, Narben und beobachten Sie dabei aufmerksam die Mimik und Reaktionen Ihres Pferdes.

VERSPANNUNGEN FINDEN

Nach dem ersten Abstreichen des gesamten Pferdes sind Ihnen vielleicht bestimmte Körperabschnitte genauer ins Auge bzw. in Ihr Bewusstsein und Ihre Hände gefallen. Möglicherweise waren hier Temperaturunterschiede spürbar, Ihr Pferd hat durch die Berührung darauf reagiert oder Sie konnten schon Verspannungen und Verhärtungen wahrnehmen. Dann ist es sinnvoll, diese Zonen mit Ihren Händen genauer zu befragen.

IN DER GENICKREGION

Bitte achten Sie insbesondere bei Berührungen im Genick immer darauf, Ihr Pferd zunächst nicht anzubinden. Plötzliche Schmerzpunkte können dazu führen, dass sich das Pferd vor Schreck in den Strick hängt. Das ist höchst kontraproduktiv. Zum Testen der Genickregion legen Sie Daumen und Zeigefinger rechts und links hinter den Ohren in die Muskulatur und erhöhen langsam den Druck in die Tiefe. Desweiteren können Sie mit Daumen und Zeigefinger das Nackenband umfassen und versuchen, es leicht anzuheben. Bleiben Sie aufmerksam und greifen Sie niemals plötzlich und grob zu!

002
Zum Film: Das Pferd erspüren

IM HALSBEREICH

Um im Bereich des Halses einen Eindruck zu erhalten, wie die muskuläre Situation und die Haltung des Halses aussehen, greifen Sie kurz oberhalb des Buggelenks (Schultergelenk) in den kräftigen Armkopfmuskel. Können Sie hier überhaupt reingreifen oder ist der Muskelstrang so verspannt, dass ein Umgreifen gar nicht möglich ist? Vielleicht lässt Ihr Pferd einen Griff in diesen Muskel nicht zu, weil es zu sehr schmerzt. Möglicherweise wird es mit Scharren, Weglaufen und Kopf hochreißen reagieren. Hier ist ebenfalls Vorsicht geboten, denn wenn Sie vorschnell zu kräftig zugreifen, kann Ihr Pferd Ihnen durchaus die Zähne zeigen. Ein gesunder, lockerer Armkopfmuskel lässt sich problemlos umgreifen und locker ausschütteln. Ein weiterer schöner Test für den Hals ist das Schütteln des Mähnenkamms, bei dem Sie einfach beobachten, ob der Hals lockerlassen und schwingen kann. Lassen Sie den Mähnenkamm ein wenig wackeln, um sich einen Eindruck vom gesamten Hals zu machen.

003
Zum Film: Schwingungen der Kruppenmuskulatur

IM RÜCKEN

Um sich einen Überblick über die Situation des Pferderückens zu machen, gehen Sie wie folgt vor:
Fahren Sie mit dem Daumen auf der einen Seite und dem Mittelfinger auf der anderen Seite, also rechts und links neben den Dornfortsätzen, mit leichtem Druck langsam über den Rücken Ihres Pferdes und beobachten Sie, ob es den Rücken vermehrt wegdrückt, evtl. Muskelzittern zeigt oder die Ohren anlegt, wenn Sie an besonders empfindliche bzw. verspannte Stellen gelangen. Das sind Zeichen dafür, dass Ihr Pferd unter Verspannungen leidet, die ihm Schmerzen bereiten.
Gehen Sie angemessen achtsam und vorsichtig vor! Weder Hufkratzer, Kugelschreiber noch Schlüssel können Ihre feinfühligen Finger ersetzen und sie sollen es auch auf keinen Fall tun. Bei Pferden mit langem Winterfell dürfen Sie behutsam Ihre Fingernägel einsetzen, um die Wirkung zu verstärken, mehr ist nicht nötig.

Prüfen Sie auch die Sehnen des Pferdes regelmäßig, …

… so lernen Sie deren „Normalzustand“ kennen.

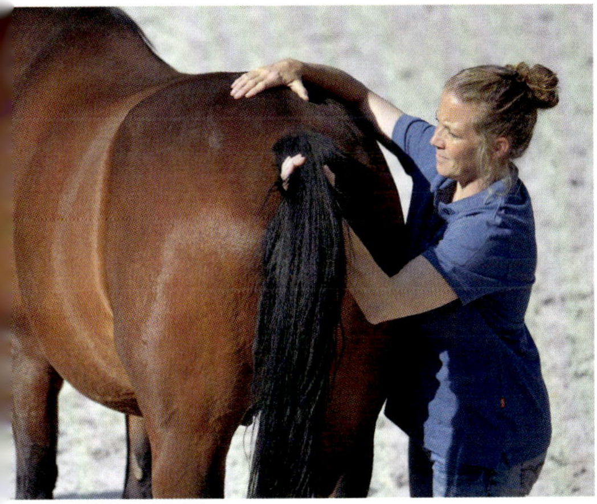

Testen Sie vorsichtig, wie leicht sich die Schweifrübe des Pferdes anheben lässt.

IM BEREICH KRUPPE/BECKEN

Im Bereich der Kruppe können Sie durch leichtes Klopfen herausfinden, unter welcher Spannung die Kruppenmuskeln und die langen Sitzbeinmuskeln stehen. Kleine Erinnerung an dieser Stelle: Gesunde Muskulatur kann wohlgeformt und kräftig ausgebildet sein, ist aber bei Berührung elastisch und schwingt, wenn sie nicht angespannt ist. Am stehenden Pferd erwarten wir also eine schwingungsfähige Kruppenmuskulatur. Legen Sie dafür eine Hand auf die sogenannten „Pomuskeln", auch Glutealmuskulatur bzw. Kruppenmuskulatur genannt, um die Schwingungen und Lockerheit der Gewebe zu beurteilen. Mit der anderen Hand lösen sie durch zarte rhythmische Klopfungen mit Ihrer Handkante Wellen in den Muskeln aus, die sich schwingend weiterverbreiten werden, wenn die Muskeln locker und elastisch sind. Lässt sich die Kruppe gar nicht in Schwingungen versetzen, dürfen Sie davon ausgehen, dass hier Verspannungen vorliegen.
Um erstmal global einen Eindruck von Spannungszuständen im Becken zu bekommen, fragen Sie Ihr Pferd, ob es Ihnen erlaubt, sanft unter die Schweifrübe dicht am Pferdekörper zu fassen. Stehen Sie dabei unbedingt seitlich neben dem Pferd und bleiben Sie bezüglich seiner Reaktionen sehr aufmerksam. Dann können Sie versuchen, die Schweifrübe ein wenig anzuheben, um zu testen, wie viel Kraft Sie aufbringen müssen bzw. ob Sie dabei starken Widerstand spüren. So können Sie sich vorstellen, wie schwer es möglicherweise Ihrem Pferd fällt, in der Bewegung zu äppeln oder den Schweif unter dem Sattel locker getragen in der Bewegung zu pendeln. Verspannungen der langen Sitzbeinmuskeln, Schweifmuskeln und Kruppenmuskeln sowie Blockierungen im Becken und Kreuzbein, also auch internistische Probleme, können neben vielen anderen Ursachen hierfür verantwortlich sein. Ihnen kann es zunächst helfen, die Probleme Ihres Pferdes einzugrenzen und seinen Spannungszustand zu verstehen.

004
Zum Film: Schweif heben

SEHNEN PRÜFEN

Wenn Sie aufmerksam mit Ihren Händen den Konturen der Gliedmaßen gefolgt sind, sind Ihnen hier vielleicht lokale Wärme, Schwellungen, Gallenbildungen oder auch Überbeine aufgefallen. Besonders die Beugesehnen im Bereich der Röhrbeine machen vielen Besitzern berechtigterweise Sorgen, da bekanntermaßen die Heilung von Sehnenverletzungen und -schäden sehr aufwendig und langwierig ist. Sie erinnern sich: Sehnen sind nicht so stark durchblutet wie z. B. die Muskulatur. Somit ist es durchaus sinnvoll, hier regelmäßig gut „hinzufühlen".
Kennen Sie den Zustand der Sehnen Ihres Pferdes, werden Sie schneller reagieren können, wenn nach einer Belastungsphase oder einem Trauma Wärme und Schwellungen in diesem Bereich auftreten.
Um den Zustand der Sehnen genauer zu beurteilen, schauen Sie in Richtung Pferdekopf und nehmen das Vorderbein auf. Legen Sie den Huf in eine Hand, um mit der anderen Hand behutsam an den Sehnen entlangzufahren. Sie können leichte Verschiebungen der Sehnen vornehmen, da sie im aufgehobenen Zustand locker und entspannt sind.

005
Zum Film: Sehnen abtasten

PHYSIOGRIFFE FÜR PFERDE

— *Technik, Anwendung, Wirkung*

WAS ZU BEGINN WICHTIG IST

01

Bevor wir Ihnen die unterschiedlichen Techniken der Massagen und Handgriffe erklären, möchten wir noch ein paar grundlegende Punkte durchgehen, die im Vorfeld zu beachten sind.

Auch am eigenen Pferd ist es wichtig, sorgsam, fürsorglich und bedacht zu arbeiten, damit Unfälle und mögliche Gefahrensituationen vermieden werden können. Gerade im stressigen Alltag passieren leicht Flüchtigkeitsfehler, die Sie, das Pferd oder Mitmenschen auf der Stallgasse in Bedrängnis bringen könnten. Schenken Sie sich und Ihrem Pferd die Aufmerksamkeit und schaffen Sie den passenden Rahmen. Ihr Pferd wird es nicht sehr schätzen, in kürzester Zeit wie ein Schnitzel durchgeklopft zu werden, weil Sie der Meinung sind, es unter allen Umständen massieren zu müssen, auch wenn weder Zeit noch Konzentration gegeben sind. Pferde merken sehr schnell, wenn wir uns wirklich auf sie einlassen und uns für Ihr Befinden interessieren. Bleiben Sie authentisch und ehrlich und lassen Sie ein paar Tage verstreichen, ohne ein schlechtes Gewissen zu bekommen, wenn die richtige Stimmung für eine ruhige Berührung gerade keinen Platz in Ihrem Leben findet.

VORBEREITUNGEN

Ein paar Aspekte werden Ihnen helfen, die richtige Basis für Übungen und Physiogriffe zu schaffen.
Das Pferd ist sehr geruchsempfindlich. Deshalb sollten Sie kein Parfüm oder andere stark riechenden Essenzen auflegen, wenn Sie Ihr Pferd behandeln. Auch sollten bestimmte Kleidungsvoraussetzungen beachtet werden. Legen Sie umgebundene Pullover, Schmuck und Uhren besser ab und schließen Sie Ihre Jacke. Außerdem empfehlen wir Ihnen, Ihre Fingernägel kurz zu halten, damit Sie weder dem Pferd unabsichtlich schmerzhaft in das Fell bohren noch Ihre Fingergelenke zu stark überstrecken, um eben das Pferd nicht mit langen Fingernägeln zu verletzen.
Das Pferd sollte sauber sein, ausgekratzte Hufe haben und nur ein Halfter tragen.
Zu Beginn sollte aus Sicherheitsgründen eine zweite Person das Pferd halten. Wenn

02

das Pferd dann weiß, dass ihm mit den Handgriffen Gutes getan wird, kann es auch bei den Handgriffen angebunden bleiben. Achten Sie unbedingt darauf, dass Sie einen rutschfesten, weichen Untergrund und genügend Platz haben und keine kleinen Kinder oder freilaufenden Hunde in unmittelbarer Nähe sind. Wichtig ist eine ruhige positive Atmosphäre – ohne klappernde Eimer oder laute Zurechtweisungen.

03

KONTAKTAUFNAHME

Bevor Sie selbst Hand anlegen, nehmen Sie sprachlichen und berührenden Kontakt mit dem Pferd auf und bleiben Sie sicher, geduldig und einfühlsam. Nehmen Sie die Begrüßung und die achtsame Berührung nicht als selbstverständlich. Fragen Sie Ihr Pferd, ob es an diesem Tag bereit ist, sich auf eine wohltuende Behandlung einzulassen und vermitteln Sie auch mental, dass Sie

01 Betrachten Sie Ihr Pferd in Ruhe. Was könnte ihm heute guttun?

02 Der Helfer steht bei der Behandlung der Hintergliedmaße auf der gleichen Seite, um den Behandler nicht zu gefährden.

03 Achten Sie auf kurze Fingernägel, wenn Sie Hand ans Pferd legen.

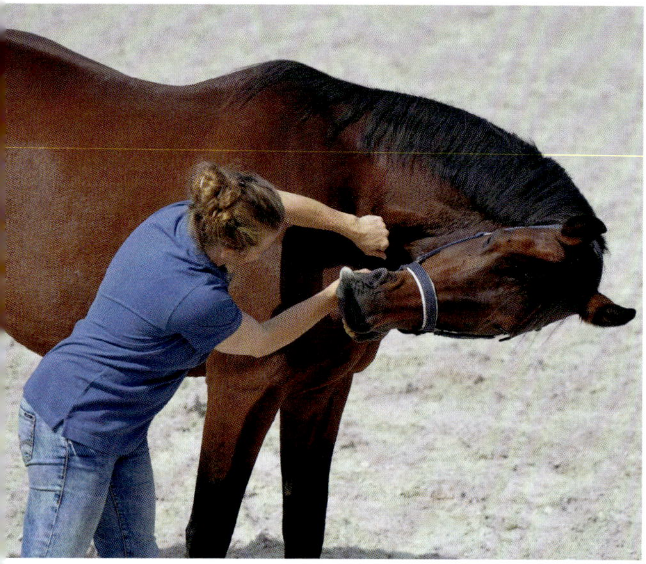

Bleiben Sie mit Ihren Griffen im schmerzfreien Bereich des Pferdes. Wenn es Ihnen die Zähne zeigt, nehmen Sie die Griffintensität wieder zurück und passen sie an das Pferd an.

ihm etwas Gutes tun wollen. Dafür kann es sehr hilfreich sein, vor Betreten der Stallgasse den eigenen Stress und Zeitdruck zunächst einmal wahrzunehmen und ihn dann zu verabschieden. Gönnen Sie sich zum Beispiel ein paar bewusste tiefe Atemzüge, bevor Sie aus dem Auto aussteigen, und richten Sie Ihre positiven Gedanken auf die bevorstehende Wellnesseinheit mit Ihrem Liebling.
Idealerweise sind bei der Kontaktaufnahme Ihre Hände warm und schmiegen sich zunächst einmal weich und formbar allen Konturen des Pferdes an. So können Sie selbst fein wahrnehmen, während Sie gleichzeitig dem Pferd Ihr Wohlwollen vermitteln.

DIE ERSTEN HANDGRIFFE

Ihre Körperhaltung sollte möglichst aufrecht sein, Knie leicht gebeugt, Schultern entspannt. Arbeiten Sie mit Ihrem ganzen Körper und trainieren Sie, die Bewegungen fließend und energiesparend durchzuführen. Achten Sie auch auf Ihre eigene gleichmäßige Atmung. Sorgen Sie für Leichtigkeit und Freiwilligkeit in Ihren ersten Behandlungsversuchen. Ein leichtes Lächeln auf den Lippen entspannt nicht nur Ihr eigenes Kiefergelenk. Sie können bald Ihrem Pferd wohltuende Griffe gönnen – Sie müssen nicht!
Alle Handgriffe und Techniken müssen in der Dosierung und Sensibilität der Schmerzempfindlichkeit des Pferdes angepasst sein. Diese finden Sie im Laufe der Zeit immer schneller heraus. Kein Massagegriff und keine Übung ist zielführend, wenn sie schmerzt. Es verbessert die Behandlung nicht, wenn Sie gut gemeint zu „viel“ und zu „fest“ zufassen. Hier gilt wieder: Weniger ist manchmal mehr!

Checkliste
FÜR DEN EINSTIEG

- ☐ Sind Ihre Fingernägel kurz?
- ☐ Haben Sie Uhren und Schmuck an den Händen abgelegt?
- ☐ Tragen Sie festes Schuhwerk an den Füßen?
- ☐ Ihre Kleidung ist bequem und behindert Sie nicht in der Bewegung?
- ☐ Ist das Arbeiten in ruhiger Umgebung möglich?
- ☐ Können Sie eine entspannte, aufrechte Körperhaltung einnehmen, wenn Sie an Ihrem Pferd arbeiten?
- ☐ Sind Ihre Hände warm und entspannt?
- ☐ Haben Sie genug Zeit zur Verfügung, um mit Ruhe und Geduld zu fühlen und Gutes zu tun?
- ☐ Konnten Sie möglichen Stress und Alltagssorgen hinter sich lassen, bevor Sie mit den Griffen starten?

Die eigene Körperhaltung sollte aufrecht und entspannt bleiben. Lassen die Knie ein wenig gebeugt. Der Bauch ist leicht angespannt, die Schultern sind locker. Eigene Nackenverspannungen verbessern die Ihres Pferdes nicht.

MASSAGEGRIFFE

Massage ist eine der ältesten Therapieformen der Welt. Ihre Ursprünge liegen wahrscheinlich im Osten Afrikas und in Asien, denn schon 2.600 Jahre v. Chr. finden sich die ersten Beschreibungen von Massagegriffen in chinesischen Schriften.

Angewendet wird Massage vor allem bei Muskelverspannungen oder zur generellen Entspannung als Bereich der Wellness. Es gibt unendlich viele verschiedene Massagerichtungen und -techniken. Berührungen mit den Händen beeinflussen bewiesenermaßen die Regenerationsfähigkeit positiv und können Schmerzen lindern. Das sogenannte Handauflegen wurde in der Moderne lange unterschätzt und findet nun in diversen Heilmethoden und Wellnessbehandlungen seine Renaissance.

Die Anwendung der Massage mit den Händen – wenn sie konzentriert, respektvoll und einfühlsam angewendet wird – weist viele positive Eigenschaften auf und kann die Selbstheilungskräfte unterstützen. Das entspannte Wohlgefühl, das sich nach einer Massage einstellt, mindert nervöse Spannungen und das ein oder andere Pferd zeigt sich nach einer Behandlung deutlich offener und weniger empfindlich beim Putzen. Ihr Pferd soll nach den angewandten Massagegriffen zufriedener und gelöster

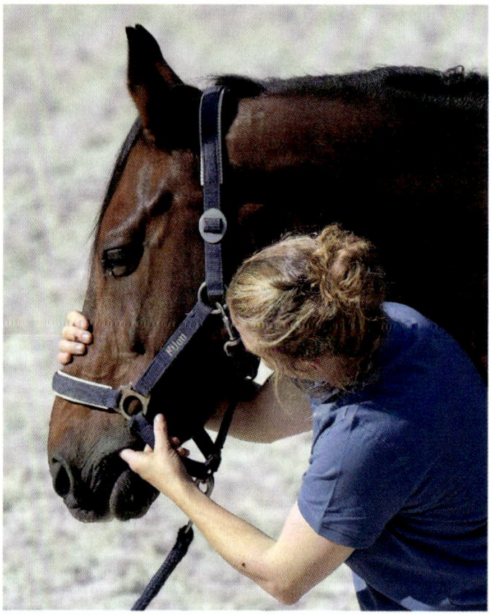

Das Kiefergelenk spielt bei der Losgelassenheit eine zentrale Rolle und kann durch einen Finger in der Lade animiert werden.

Abkauen und spielerische Bewegungen mit der Zunge fördern die Entspannungsfähigkeit des Pferdes und helfen sanft, Blockaden zu lösen.

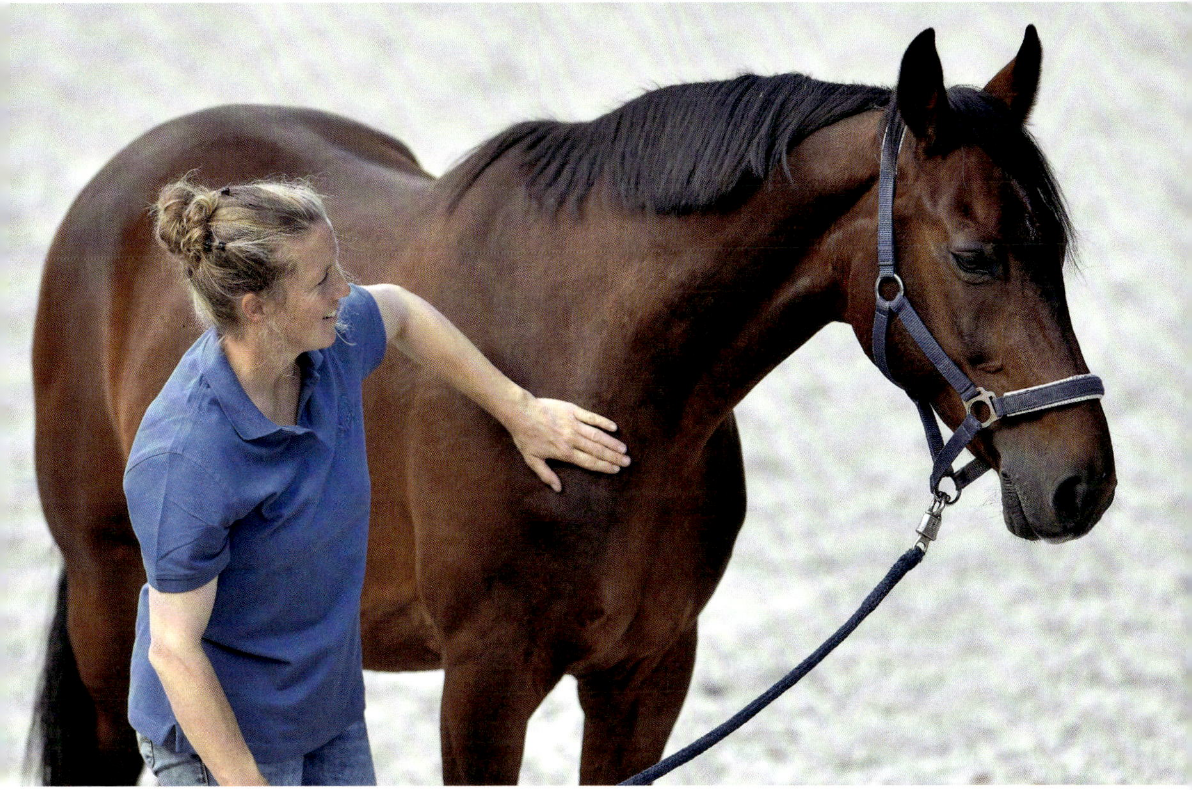

Zwischen den Massagegriffen darf gelobt werden. Bleiben Sie während der ganzen Anwendung im Dialog mit Ihrem Pferd und lassen Sie es wissen, wie gut es seinen Job macht.

sein, was sich positiv auf den Allgemeinzustand, die Genesung und überhaupt auf die Gesundheit des Pferdes allgemein auswirken kann.
In der Behandlung werden Sie in ein Zwiegespräch mit Ihrem Pferd treten. Gelingt dieser Dialog, fühlen Sie und Ihr Pferd sich wohl, auch wenn Ihnen die ungewohnten Handgriffe zunächst anstrengend erscheinen.

POSITIV PUTZEN

Auch einfühlsames, dem Pferd zuhörendes und gründliches Putzen kann eine ähnliche Wirkung haben und sollte als Beitrag zur Pferdegesundheit nicht unterschätzt werden.

Ziel und Wirkungen der Massage

- Durchblutungssteigernd/stoffwechselanregend/entgiftend
- Regulierung des Muskeltonus (entspannend – anregend)
- Verbesserung des Allgemeinzustands
- Leistungssteigerung
- Verbesserung der Körperwahrnehmung
- Schmerzlindernd
- Verbesserung der Beziehung Mensch – Pferd (Ausschüttung von Oxytocin, dem Glückshormon)
- Regulierung des Stressniveaus (Sympathikus – Parasympathikus)
- Lösen von Gewebeverklebungen
- Wirkung auf den Kreislauf (Puls/Blutdruck)
- Psychische Entspannung
- Wellness – weil es einfach guttut

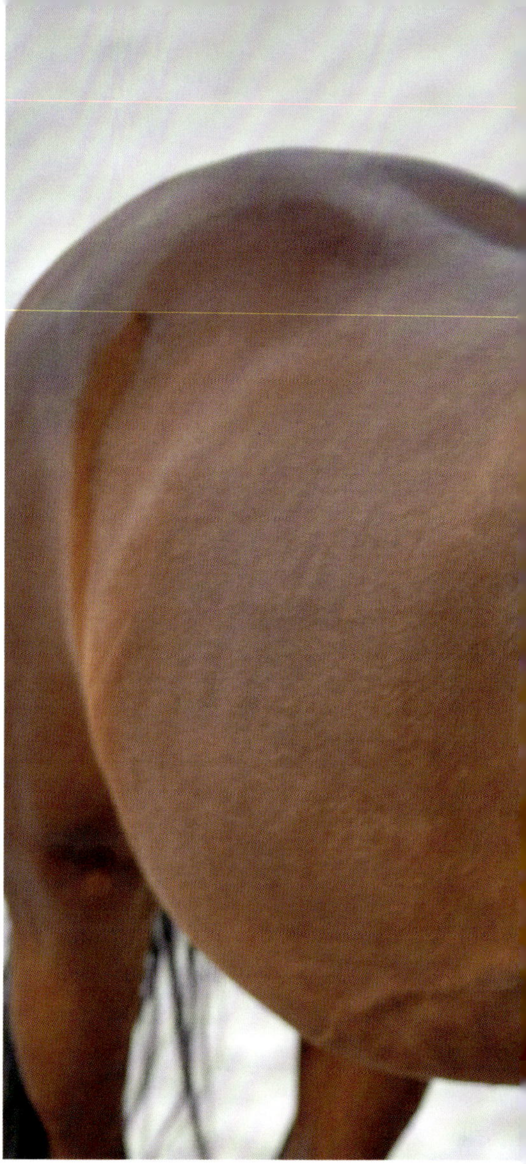

WO WIRD MASSIERT?

Pferde merken schnell, dass Sie bereit sind, ihnen Gutes zu tun. Einige der Vierbeiner werden für Sie die Entscheidung übernehmen, wo sie gern massiert würden. Auch wenn Sie sich für die nächste wohltuende Einheit vorgenommen haben, den Hals zu bearbeiten, kann es sein, dass Ihr Pferd ganz andere Pläne mit Ihren Händen hat und immer wieder so neben Ihnen „einparkt", dass Ihnen nichts anderes übrig bleibt, als seine Lieblingsstelle kräftig durchzuarbeiten …
Grundsätzlich können an einem gesunden Pferd alle Regionen des Körpers berührt und massiert werden. Ausnahmen stellen alle Körperöffnungen, die Augen und Knochenvorsprünge dar (wie z. B. die Dornfortsätze der Wirbelsäule).
Selbsterklärend werden auch keine Massagen und Physiogriffe auf offenen und heilenden Wunden, akuten Ausschlägen sowie auf frischen Narben durchgeführt. Auch Pferde, die einen kranken, schwachen Eindruck machen, werden nicht massiert, sondern zunächst tierärztlich vorgestellt.

DIE RICHTIGE DRUCKSTÄRKE

Um den angemessenen und für das Pferd passenden Druck in den Griffen zu finden, können Sie zunächst erstmal davon ausgehen, dass kleinere und zartere Muskeln, wie z. B. die Kaumuskeln am Kopf oder die kurzen Nackenmuskeln im Genick, mit anfänglich sehr zarten und gefühlvollen Fingern untersucht und massiert werden. Sie werden rasch herausfinden, dass Sie dagegen auf großen Muskelpartien, wie z. B. an der Kruppenmuskulatur, durchaus sehr starken Druck ausüben und dabei Ihr ganzes Körpergewicht in die Massagegriffe legen dürfen. Das finden viele Pferde sehr angenehm und werden Ihnen bald die ganze Kruppe entgegenstrecken, wenn Sie die richtigen Stellen unter Ihren Fingern haben, um Sie zu motivieren, mit den kraftvollen Griffen fortzufahren.
Bleiben Sie mit Ihrer Aufmerksamkeit in stetem Dialog mit dem Pferd. So wissen Sie jederzeit, ob Sie den passenden Druck erreicht haben. Griffe, die aus übergroßer Vorsicht heraus dem Pferd nicht wehtun

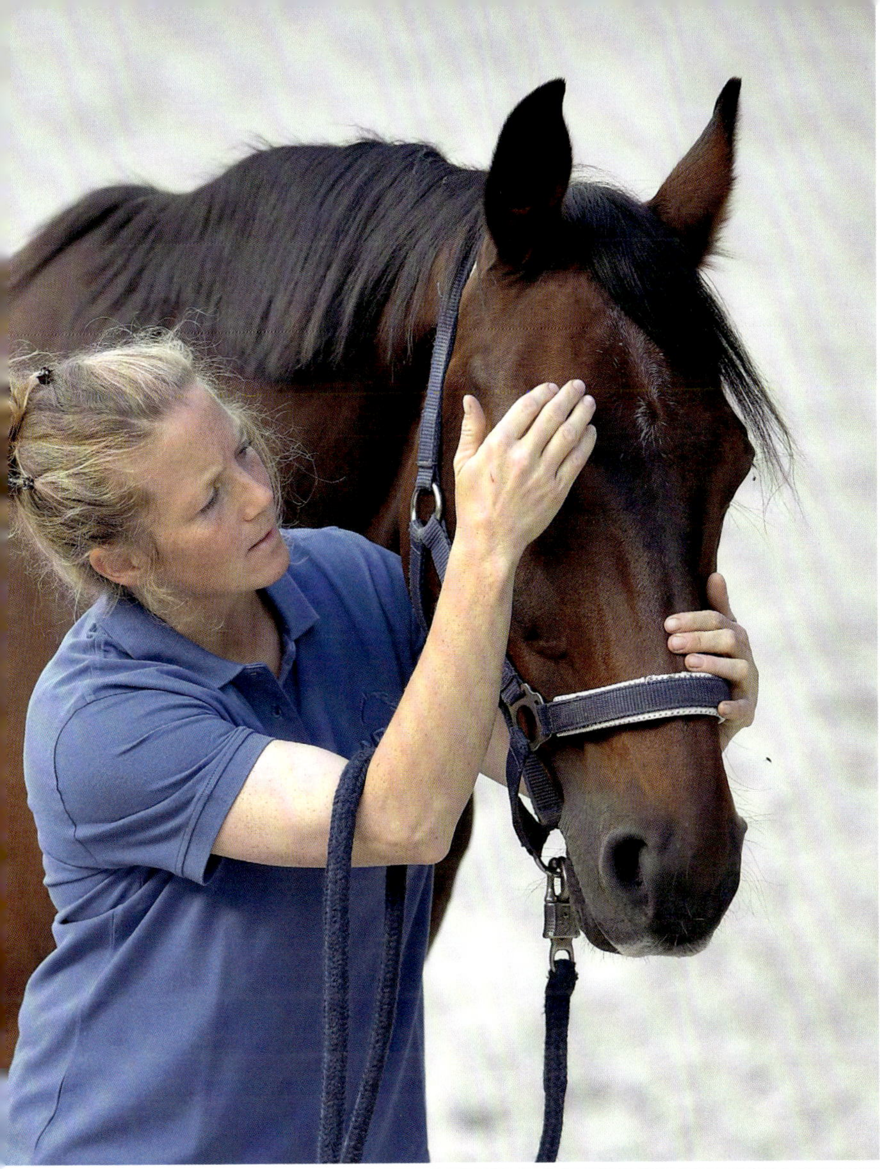

Auch die Kaumuskulatur auf der Stirn darf behandelt werden. Druck und Stärke werden an das Empfinden angepasst. Die weiche Hand behindert dabei das Auge und seine Tasthaare nicht.

zu wollen, nur oberflächlich streicheln, sind vielen Pferden meist eher unangenehm und suspekt. Pferde wissen kräftige und gefühlvolle Hände sehr zu schätzen. Steigern Sie langsam und aufmerksam die Intensität Ihrer Griffe. Greifen und kneifen Sie nur nicht plötzlich zu! Das kommt einem unfairen Überraschungsangriff gleich, gegen den sich das Pferd entweder reaktiv wehren wird oder zeitnah eine Abneigung und nachvollziehbare Skepsis gegen Berührungen entwickelt. Lassen Sie sich auf keinen Fall von Mitmenschen auf den Stallgassen blenden, die gern mal unvorbereitet in bestimmte Muskelgruppen greifen oder mit Schlüsseln oder Hufkratzern sorglos über fremde Pferderücken fahren. Das ist in unseren Augen eine für das Pferd unzumutbare, grausame Effekthascherei, die in keinster Weise dem Pferd Gutes tut.
Keine sinnhafte und liebevolle Begegnung startet mit einem gewaltsamen und außerdem respektlosen Überfall. Lassen Sie nicht zu, dass jemand Fremdes an Ihrem Pferd derartige Gewaltdemonstrationen durchführt!

☞ DEINE HÄNDE TUN GUT

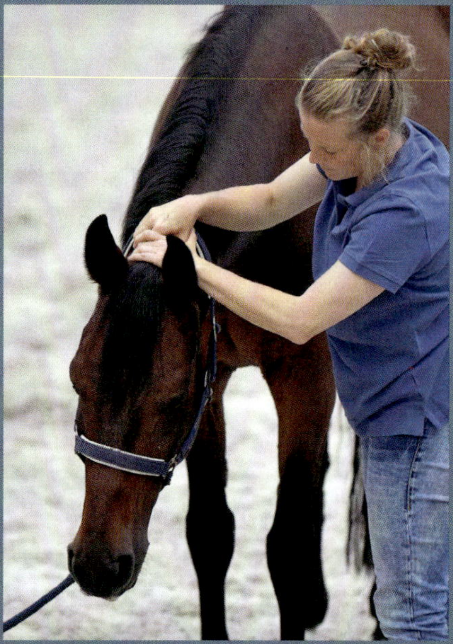

„Ich vertraue deinen Händen! Ich schließe die Augen und lasse den Kopf sinken. Daran kannst du erkennen, dass ich mich unter deinen Händen entspannen kann."

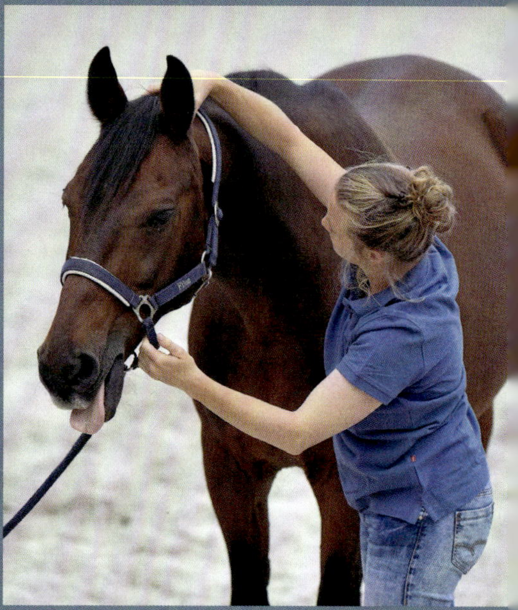

Kauen ist auch beim Massieren ein Zeichen der Losgelassenheit. Beim Entspannen der Kaumuskeln kommt auch die Zunge in Bewegung und löst sich.

„Ich gähne, weil ich dadurch die Wirkung deiner Hände unterstütze. Es öffnet die ganzen Hohlräume in meinem Kopf und mobilisiert. Das unterstützt die Durchblutung und reguliert Spannungen."

„Wenn ich abkaue, lösen sich weitere Spannungen und ich kann besser loslassen und mich entspannen."

☞ DEINE HÄNDE TUN MIR WEH!

„Achtung! Du erreichst gerade meine Schmerzgrenze. Ich bin nicht sicher, ob ich das noch länger gut finde!“

„Noch bleibe ich artig bei Dir, doch ich bin bereits gewarnt und bereit, davonzugehen oder ungehalten zu werden. Beachte meine Augen und Ohren, wenn Du möchtest, dass ich mitarbeite!“

„Hör auf! Ich will nicht mehr, dass du mich an dieser Stelle anfasst.“

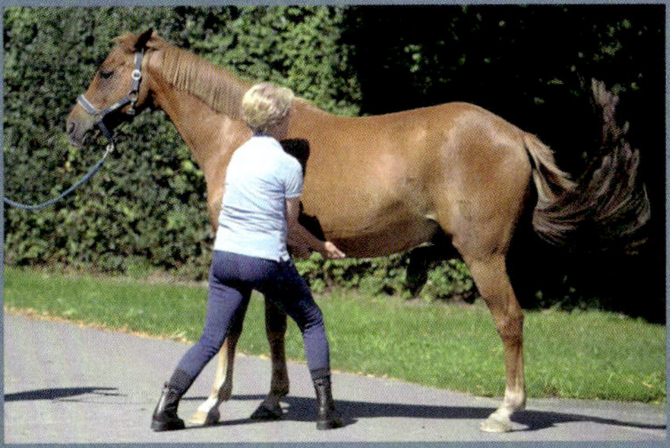

„Ich warne dich! Dein Griff hier gefällt mir gar nicht. Das kannst du an meinen Ohren und meinem unzufriedenen Schweifschlagen erkennen.“

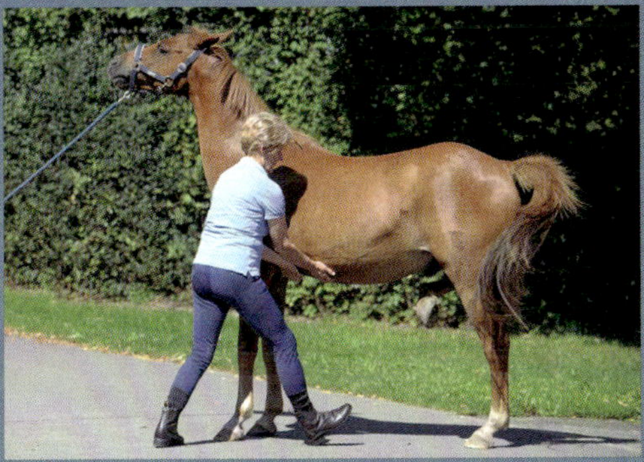

„Stop! Das tat weh. Ich will deine Hand loswerden! Als letzte Warnung trete ich freundlicherweise mit dem dir entfernten Bein unter den Bauch, ich will dir nicht weh tun.“

„Es reicht!! Ich habe dich gewarnt. Ich bin jetzt bereit, deine Hand unter meinem Bauch wegzutreten. Nimm dich in Acht, sonst mache ich ernst!“

STREICHUNGEN

WIE GEHT ES?

Streichungen stellen eine wundervolle Einleitung jeder Massage dar, da sie die Gewebe entspannen und schon rasch eine beruhigende und entspannende Wirkung auf das Pferd haben. Da Streichungen die Gewebe erwärmen und die Durchblutung fördern, bereiten sie die weiteren Massagegriffe vor. Es handelt sich dabei um Griffe, die wiederholend streichend ausgeführt werden, mit einer oder beiden Handflächen, Daumen- oder Fingerkuppen. Dabei werden Haut und Unterhaut nicht oder nur wenig verschoben. An den Gliedmaßen können Sie Streichungen mit herzwärts betontem Druck ausführen, um den venösen und lymphatischen Rückfluss zu fördern.

006 Zum Film: Streichungen

Um sensibel wahrnehmen zu können, ob und wie verspannt Ihr Pferd ist, beginnen Sie also jede Massage mit Streichungen. Legen Sie dazu Ihre Hände freundlich, mit zunächst geringem Druck, an den Pferdekörper. Bewegen Sie die Hände großflächig, aber langsam über den Brustkorb, den Hals und die Kruppe, verschieben Sie dabei die Haut nur geringfügig. Schauen Sie, wie Ihr Pferd reagiert, ob es sich entspannt oder Zeichen von Unwilligkeit oder Abwehr aussendet. Dort, wo Sie Verspannungen fühlen, führen Sie freundliche Streichungen durch, bis Ihr Pferd sie genießt und sich entspannt. An stärker verspannten Muskelgruppen werden Sie länger verweilen und Ihren Druck und den Rhythmus Ihrer Hände anpassen. Hat sich Ihr Pferd an die Streichungen gewöhnt, können Sie mehr Druck in die Hände legen, um auch tiefere Gewebeschichten zu erreichen.

Um Schmerzen zu lindern, ist es ratsam, zunächst in einem beruhigenden und langsamen Tempo die Streichungen durchzuführen. Wenn Sie Ihr gesundes und fittes Pferd mit Ihren Händen auf die nächste Trainingseinheit vorbereiten möchten, dürfen Sie die Streichungen durchaus auch in einem flotten Rhythmus durchführen.

01

Lassen Sie die Streichungen auch zwischen allen weiteren Grifftechniken immer wieder in Ihren Ablauf einfließen. Sie unterstützen die Reinigung und den Abfluss der gesamten Bindegewebe, die Sie mit den anderen Techniken erreicht haben.

WAS BEWIRKT ES?

Streichungen haben im Allgemeinen den Effekt, die oberflächlichen Haut-, Faszien- und Muskelschichten zu erwärmen und fördern somit auch nachweislich die Durchblutung. Gleichzeitig haben sie einen Einfluss auf den venös-lymphatischen Rückfluss und wirken somit allgemein entstauend. Grundsätzlich setzen wir die langsamen, beruhigenden Streichungen gern ein, um einen entspannenden und lösenden Effekt auf das Pferd zu erzielen. Ebenso effektiv zeigen sich Streichungen zur Schmerzlinderung.

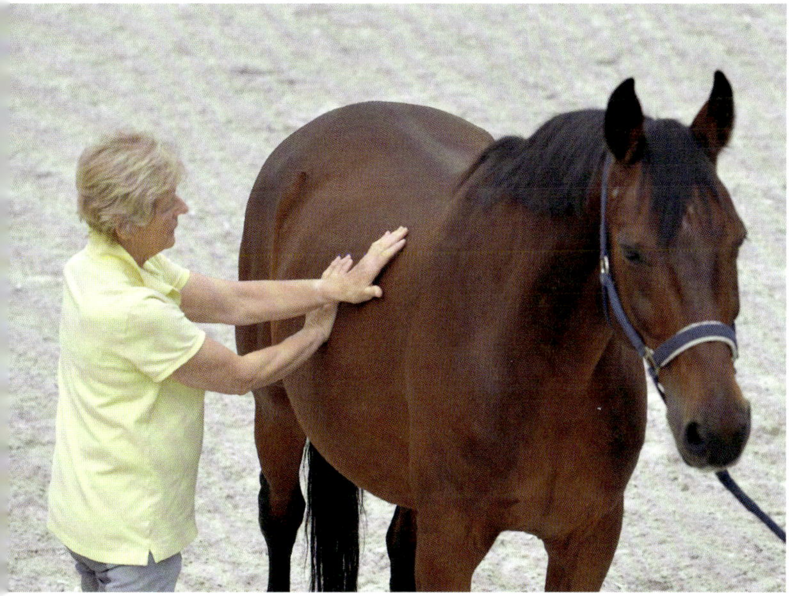

02

01 Streichungen erfolgen mit flächig aufgelegten Händen, die bei sanftem Druck jede Verspannung des Gewebes fühlen.

02 Streichungen können beinahe am gesamten Pferdekörper angewendet werden.

Im Bereich von Traumata, Prellungen und Hämatomen können sie, durchgeführt im schmerzfreien Bereich, in der Nachsorge abschwellend wirken und die Heilung begünstigen. Kräftige und zügig durchgeführte Streichungen können einen anregenden und deutlich stärker durchblutungsfördernden Effekt erzielen, womit sie auch anregend auf den Kreislauf wirken.

REIBUNGEN

WIE GEHT ES?

Eine intensivere Technik stellen die Reibungen dar, die mit den Fingerkuppen und angepasstem Druck ausgeführt werden. Der Druck soll durch alle Gewebeschichten hindurch bis in die tiefen Regionen der Muskulatur gehen. Gegebenenfalls wird der Druck von Gewebeschicht zu Gewebeschicht vorsichtig erhöht.
Spürt man zunächst die Verhärtung und merkt, dass sie sich im Verlauf der Reibungen langsam auflöst, kann man tiefer in das Gewebe eindringen. Das Pferd muss den Druck tolerieren. Vielleicht haben Sie schon einmal als Patient auf der Behandlungsbank des Physiotherapeuten gelegen und durch seine therapeutischen Griffe Schmerzen in Ihrer Muskulatur verspürt. Wenn der Therapeut fragt, ob er sanfter arbeiten soll, haben Sie möglicherweise geantwortet: „Machen Sie weiter, ich spüre den Schmerz, merke aber auch, dass es guttut." Diese Empfindung sollte Ihr Pferd auch verspüren. Reibungen können Sie auf allen Muskeln der Gesichts- und Genickregion ausführen, ebenso auf dem Rumpf, den Vorder- und Hintergliedmaßen. Wenn Sie Kenntnisse von Schmerz-, Stress- oder Akupunkturpunkten haben, werden Sie feststellen, dass Sie bei den Reibungen auch immer wieder auf Punkte aus diesen Behandlungskomplexen stoßen.

007
Zum Film: Reibungen

WAS BEWIRKT ES?

Durch diese Technik lockern Sie die Gewebefasern und erreichen eine Verbesserung der Verschieblichkeit der übereinanderliegenden Gewebeschichten. Die feinen Blutgefäße können dadurch vermehrt Blut in

☞ REIBUNGEN

01

02

03

04

01 Pferde sind häufig in der Genickregion verspannt und mögen sich dort nicht gern anfassen lassen. Beginnen Sie deshalb mit vorsichtigen Reibungen, deren Druck Sie nach und nach behutsam verstärken können.

02 Die Kaumuskulatur des Pferdes weist ebenfalls häufig Verspannungen auf.

03 Punkte, die Sie mit Reibungen behandeln, können durchaus mit Stress-, Schmerz- oder Akupunkturpunkten identisch sein. Auf dem Foto ist der Akupunkturpunkt Gallenblase 20 zu sehen, der schmerzlindernd wirkt.

04 Auch an der kräftigen Schultermuskulatur eignen sich Reibungen, um die Beweglichkeit zu verbessern und Schmerzen zu lindern.

das nun gelockerte Gewebe transportieren. Dadurch wird auch der Stoffwechsel angeregt. Reibungen haben auch in der Tiefe der Gewebe einen stark erwärmenden und durchblutungsfördernden Effekt. Durch die Aufwärmung der Gewebe und die verbesserte Beweglichkeit lösen sich Verspannungen und Schmerzen.

SÄGEGRIFF

WIE GEHT ES?

Eine Variante der Reibung ist der Sägegriff. Er wird vorzugsweise auf großflächigen Muskeln oder Faszien angewendet, wie z. B. auf der Brustlendenbinde, einer sehr kräftigen und derben Faszie im Bereich der Brust- und Lendenwirbelsäule. Auch die häufig verspannten Kruppenmuskeln lassen sich mit dem Sägegriff rasch erwärmen und lösen, um sie dann tiefergehend mit Knetungen und Zirkelungen weiter zu bearbeiten. Legen Sie die Handkanten im rechten Winkel auf den Muskel bzw. auf die Faszie und reiben Sie diese mit Druck gegensinnig hin und her. Der Name des „Sägegriffs" weist auf die zügig durchgeführten Handkantenreibungen hin, die lokal ausgeführt auch Ihre Handkanten zum Glühen bringen werden.

WAS BEWIRKT ES?

Die durch reibende Bewegungen der Handkanten entstandene Wärme reduziert die Spannung und verbessert zusätzlich die Verschieblichkeit der Gewebeschichten, wodurch wiederum Schmerzen gelindert werden können. Dies ist eine hervorragend geeignete Technik nach harten und anstrengenden Trainingseinheiten, die in Kombination mit Streichungen den Abtransport von Milchsäure und anderen Stoffwechselprodukten fördert. So wirkt sie trainingsbedingtem „Muskelkater" entgegen und fördert die rasche Regeneration.

Bewegen Sie die Hände ähnlich wie zwei Sägeblätter auf den großen Muskelgruppen. Das erwärmt die Gewebe …

… und verbessert die Verschieblichkeit der Gewebeschichten. Die Handkanten werden mit Druck gegeneinander hin- und hergerieben.

Die Handkanten liegen dazu rechtwinklig auf dem Muskel oder der Faszie.

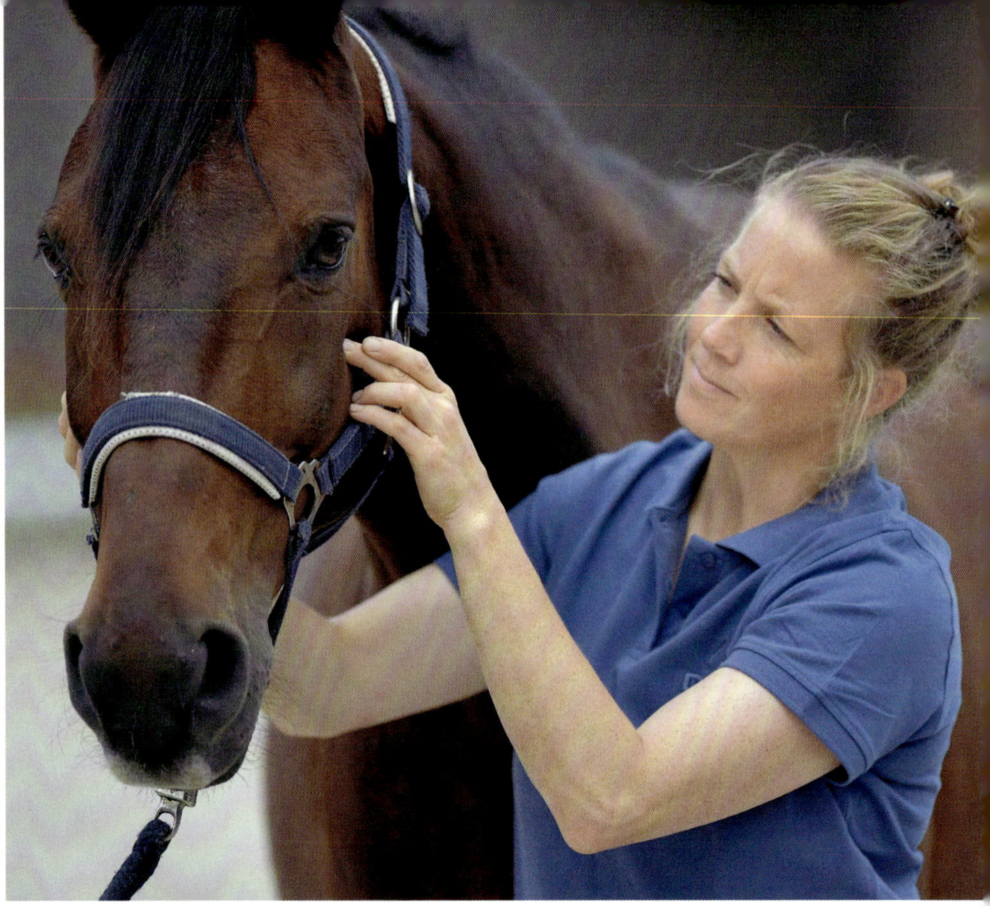

Querfriktionen werden bevorzugt mit zwei übereinandergelegten Fingern quer zum Verlauf der Muskelfaser ausgeführt.

008
Zum Film: Querfriktionen

QUERFRIKTIONEN

WIE GEHT ES?

Querfriktionen sind ebenfalls Reibungen, dabei in der Anwendung kräftiger. Sie werden mit den Fingerkuppen quer zum Verlauf der Muskelfasern ausgeführt.
Kurze Fingernägel und eine gut stabilisierte Körperhaltung sind hier besonders wichtig, denn Querfriktionen sind anstrengender als z. B. Reibungen im Genick, aber auch sehr wirkungsvoll. Bei der Anwendung der Querfriktionen können Sie die Finger der rechten und linken Hand übereinanderlegen, um die arbeitenden Finger der unteren Hand mit der oben liegenden Hand zu verstärken. Arbeiten Sie mit nur einer Hand, nutzen Sie Ihren Mittelfinger und legen ihn zur Unterstützung auf den behandelnden Zeigefinger. Mit erträglich festem Druck reiben dabei die Finger über die verhärteten Stränge, bis sich nach einiger Zeit die Spannung und Elastizität der Gewebe verbessert.

WAS BEWIRKT ES?

Querfriktionen finden ihre Anwendung auf Myogelosen (Knötchen in der Muskulatur, die sich aufgrund starker Verspannungen gebildet haben), Narbengewebe, Sehnengewebe und Bändern.
Diese Technik wirkt sich positiv auf die Struktur und Ordnung der parallel verlaufenden Muskelfasern aus, die im Zustand von Überlastung und Verspannung in Chaos geraten sind. Durch die lokale Durchblutungsförderung können sich Spannung und/oder Schmerzen reduzieren oder verschwinden. Ausgesprochen effektiv sind z. B. Querfriktionen zur Lockerung der Kruppenmuskulatur, die häufig verspannt ist.

ÜBUNG

Sie können die Querfriktion üben, indem Sie sich hinsetzen und den Zeige-, Mittel- und Ringfinger der linken Hand auf Ihren Oberschenkel drücken. Durch das zusätzliche Auflegen Ihrer drei mittleren Finger der rechten Hand verstärken Sie den Druck. Die Finger werden im Winkel von etwa 45 Grad auf den Muskel aufgesetzt und mit dem Druck beider Hände führen Sie kleine Bewegungen quer zum Verlauf Ihres Oberschenkelmuskels durch, also von rechts nach links, so, dass der Muskel nach unten gegen den Knochen gedrückt wird. Gleiten Sie dabei nicht über die Haut, sondern schieben Sie nur das Muskelgewebe hin und her.
Diese Technik wenden Sie auch auf der Kruppe Ihres Pferdes an. Achten Sie wirklich darauf, dass Sie nicht über die Haut bzw. das Fell rutschen, sondern bewegen Sie Ihre Finger nur so viel mit dem Muskelgewebe, wie dieses Verschiebung zulässt. Es ist ausreichend, wenn Sie diese Technik ein bis zwei Minuten durchführen. Zur Stabilisierung Ihrer Körperhaltung sollten Sie sich auf Zehenspitzen stellen und aus den Schultergelenken und nicht aus den Handgelenken heraus arbeiten.

Es ist immer wieder schön zu sehen, wie dankbar die Pferde darauf reagieren. Es kann sein, dass Ihr Pferd nur das Hinterbein entlastet, wenn Sie den Muskel behandeln, möglicherweise spüren Sie aber auch bald, dass das Pferd sich Ihnen mit dem ganzen Hinterteil entgegendrückt. Oft blickt es sich auch um und schaut uns regelrecht auf die Finger, als wollte es uns mitteilen: „Ja, da ist es genau richtig, dort verspüre ich schon so lange Verspannungen, endlich kommt jemand, der mir den Druck nimmt.“ Lassen Sie diese Reaktionen unbedingt zu und unterbinden Sie sie nicht. Ihr Pferd wird es Ihnen danken. Möglicherweise krault Ihr Pferd auch der Person, die es am Strick hält, den ganzen Arm hoch, vor lauter Dankbarkeit, dass ihm so geholfen wird. Lassen Sie die „Äußerungen“ Ihres Pferdes zu und nehmen Sie wahr, was es Ihnen sagen will.

Legen Sie Ihre Fingerkuppen, stabilisiert durch die zweite Hand, auf den Kruppenmuskel Ihres Pferdes und führen Sie mit langsam steigendem Druck die Querfriktionen auf dem Muskel aus.

KNETUNGEN UND WALKUNGEN

WIE GEHT ES?

Knetungen werden je nach Größe des zu bearbeitenden Muskels mit den Fingern oder mit der ganzen Hand ausgeführt, so, dass der gesamte Muskelbauch durchgeknetet werden kann. Diese Technik erinnert sehr an das kräftige Durchkneten eines Pizzateigs.

Der Muskel wird von seiner Umgebung abgehoben, um danach gegen die umliegenden Knochen „ausgedrückt" zu werden. Das funktioniert nach dem Prinzip: schmutzigen Schwamm ausdrücken – Schwamm mit sauberem Wasser wieder volllaufen lassen. Durch dieses Drainageprinzip können Nährstoffe die Muskelzellen besser erreichen, um eine optimale Muskelarbeit zu gewährleisten.

Druck, Tempo und Intensität der Knetungen richten sich nach dem Schmerzempfinden des Pferdes, die Schmerzgrenze der „Wohlwehe" sollte nicht überschritten werden. Knetungen werden rhythmisch durchgeführt und können ähnlich wie Streichungen bei höherem Tempo anregend und bei langsamem Tempo entspannend und beruhigend wirken.

Je nach Größe der zu bearbeitenden Muskelpartie verwendet man Zweihandknetungen, Einhandknetungen oder Fingerknetungen. Zwischen den Knetungen werden immer wieder Streichungen ausgeführt, um die

009
Zum Film: Einhand- und Zweihandknetungen

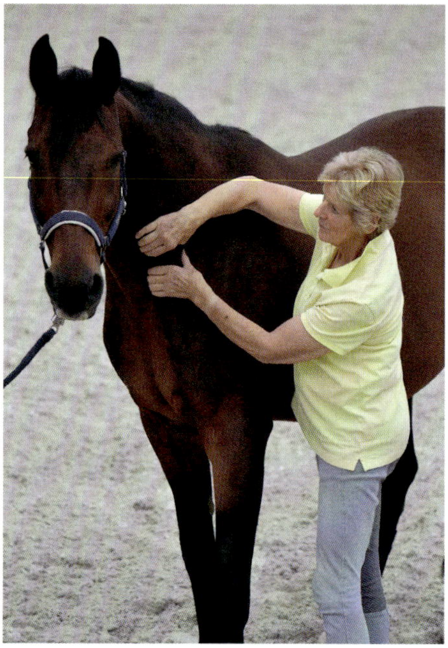

01

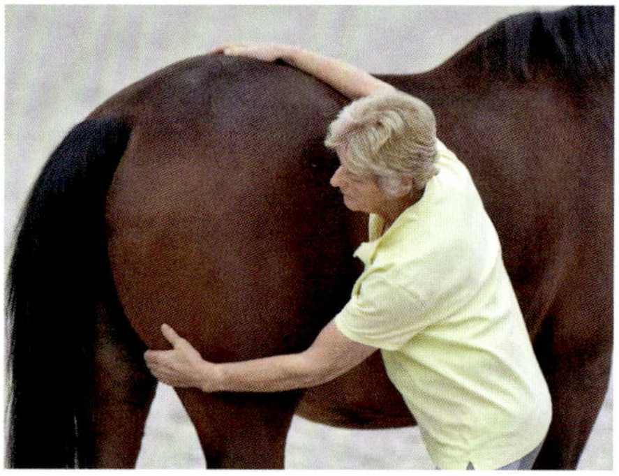

02

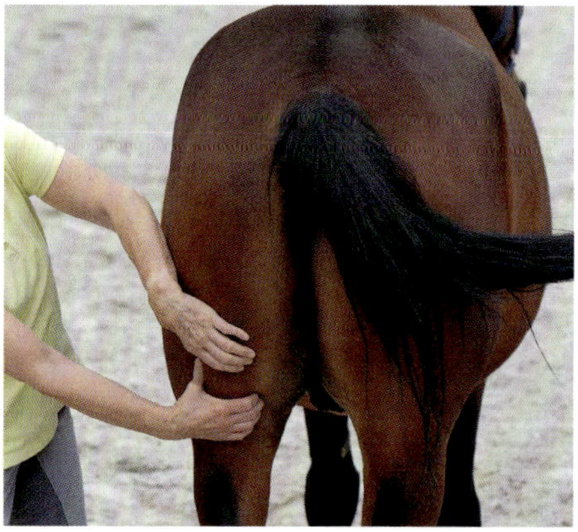

03

01 Knetungen, z. B. des Armkopfmuskels, können gut beidhändig durchgeführt werden.

02 Einhandknetungen an der langen Sitzbeinmuskulatur vermitteln dem Pferd Vertrauen. Gleichzeitig haben Sie einen sicheren Stand seitlich neben der Kruppe.

03 Für Knetungen und Walkungen der langen Sitzbeinmuskeln ist mehr Krafteinsatz der Hände erforderlich.

Drainagewirkung zu optimieren. Einhandknetungen an der langen Sitzbeinmuskulatur bieten sich z. B. an, wenn Sie dem Pferd zunächst Vertrauen vermitteln möchten. So stehen Sie erstmal sicher seitlich neben der Kruppe und können rasch reagieren, wenn das Pferd womöglich ohne drüber nachzudenken ein schnelles Hinterbein bekommt. Die andere Hand darf bequem auf der Kruppe platziert werden.

WAS BEWIRKT ES?

Diese Techniken verbessern die Verschieblichkeit aller Gewebeschichten, die Durchblutung und Versorgung der Gewebe; Abbau und Abtransport von Stoffwechselendprodukten sowie die Versorgung der Muskulatur mit Nährstoffen. Hierbei wird die Durchblutung und der Stoffwechsel des Muskels deutlich verbessert, sodass Schlackenstoffe und Stoffwechselendprodukte, wie z. B. Laktat, besser abtransportiert werden können. So werden die Spannungen in den Geweben abgebaut, wodurch sich auch chronische Schmerzzustände lindern lassen. Knetungen und Walkungen sind hochwirksam und entspannend für die Muskulatur Ihres Pferdes.

Der häufig verspannte Armkopfmuskel ist zum Beispiel immer wieder dankbar für lockernde Handgriffe. Sie können ihn nie „überlockern". Greifen Sie mit beiden Händen unterhalb von der Drosselrinne in den Muskel und kneten bzw. walken Sie ihn so intensiv, wie Ihr Pferd es noch freundlich toleriert.

ZIRKELUNGEN

WIE GEHT ES?

Zirkelungen werden mit dem Finger, mehreren Fingern, der ganzen Handfläche oder auch der Faust oder dem Handballen ausgeführt. Beim Pferd kann in den großen Kruppenmuskeln aber auch der Ellenbogen zum Einsatz kommen. Wie auch bei den zuvor genannten Techniken können Stärke

Im Bereich der langen Rückenmuskeln können Sie kräftige Zirkelungen mit den Handballen durchführen. Das erzielt denselben positiven Effekt wie Knetungen.

010
Zum Film: Vibrationen

und Tempo variieren und an die zu bearbeitende Gewebetiefe angepasst werden. Während der kreisenden Bewegungen kann der Druck rhythmisch ab- und zunehmend eingesetzt werden.
Zirkelungen sind eine alternative Technik für Muskelgruppen, bei denen das Abheben und Kneten anatomisch bedingt schwierig ist. Beim Pferd bietet sich diese Technik für die langen Rückenmuskeln, aber auch für die Kruppenmuskeln an. Im Bereich der Kaumuskulatur sind Fingerzirkelungen wirkungsvoll.

WAS BEWIRKT ES?

Die Wirkung ist mit denen der Knetungen vergleichbar. Zirkelungen fördern die Durchblutung und lockern die Muskulatur. Durch die wechselnden Druckstärken wird der Stoffwechsel lokal gefördert und die Reinigung der Bindegewebe unterstützt.

SCHWINGUNGEN (VIBRATIONEN)

WIE GEHT ES?

Schwingungen werden mit den Fingern oder mit der ganzen Hand ausgeführt, sodass der gesamte Muskelbauch schwingt. Die Amplitude der Vibrationen ist sehr klein und dadurch sehr angenehm.
Auch wenn Vibrationen in einer hohen Frequenz durchgeführt werden, wirken sie beruhigend auf das Pferd, schmerzlindernd und tonussenkend.

Vibrationen werden gern auf dem Brustkorb angewendet, können allerdings am ganzen Körper eingesetzt werden, um schmerzhafte Spannungszustände zu lösen.

CHRONISCHE SCHMERZEN

Nachdem Sie sich nun intensiv mit den Techniken der klassischen Massage beschäftigt haben, möchten wir an dieser Stelle die Wirkung aller Physiogriffe auf chronische Schmerzzustände betonen. Häufig befinden sich die Ursachen für andauernde Schmerzen gar nicht da, wo der Schmerz empfunden wird. Anhaltende Spannungsmuster, Verkürzungszustände der Muskulatur, Haltungsschäden, einseitige Belastungen führen mit der Zeit zu hohen Spannungen in der Muskulatur und in den Faszien, die – je länger sie bestehen – auch die umliegenden Gelenke ungünstig belasten und stören. Der empfundene Schmerz funktioniert also wie ein Warnsystem, das das Lebewesen bei zu hoher dauerhafter Spannung warnt, um es vor Struktur- und Gelenkschäden zu bewahren. Das Gehirn gleicht kontinuierlich die in den Geweben gemessene Spannung mit seinem individuell festgelegten Normwert ab. Wird die Spannung ständig überschritten, wird Schmerz ausgelöst, der die überfordernden Bewegungen alarmierend und schützend verhindern soll.

Sicherlich haben auch Sie schon Menschen oder Pferde kennengelernt, die unter starken, Lebensqualität beeinträchtigenden chronischen Schmerzen im Bewegungsapparat leiden, ohne dass man eine dementsprechende Strukturschädigung auf dem Röntgenbild vorgefunden hat. Gar nicht selten werden dann besonders beim Menschen die empfundenen Schmerzen in die Kategorie Psychosomatik eingestuft. Gleichzeitig fallen Ihnen vermutlich Beispiele für Mensch oder Tier ein, bei denen durch Zufall starke Arthrosen oder Veränderungen im Röntgenbild festgestellt worden sind, die Betroffenen haben allerdings gar keine Schmerzen und können sich frei bewegen.

Nutzen wir also den zusätzlichen Effekt der Massagen und Physiogriffe auf die Reizverarbeitung im Bereich des Gehirns. An das Pferd angepasste feinfühlige Hände können mit der Intention Spannungen zu reduzieren, positiv dem gefürchteten Schmerzgedächtnis entgegenwirken. Soll die Wirkung der Physiogriffe allerdings nachhaltigen Einfluss auf chronische Schmerzen nehmen, ist es unabdingbar, die Ursachen (z. B. Trainingsüberforderung, Ausrüstung, Stress, Narben, Traumata) für die hohen Spannungszustände zu finden und abzustellen.

Während Sie diesen nicht ganz unanstrengenden Handgriff erlernen und anwenden, können Sie auch spielerisch intermittierend das Tempo und die Druckintensität variieren.

Alternativ zu Vibrationen mit den Handflächen oder Fingern können Sie mit ähnlicher Wirkung auch Klopfungen auf den großen Muskelpartien des Pferdes durchführen. Hierzu eignen sich die Handkanten, wenn Sie die Hände locker lassen. Durch rhythmische Klopfungen versetzen Sie die Gewebe in Schwingungen.

WAS BEWIRKT ES?

Schwingungen wirken muskellockernd und detonisierend. Vibrationsmassagen haben sich besonders zur Behandlung von hochschmerzhaften, druck- und bewegungsempfindlichen Schmerzonen bewährt. Ebenso effektiv können Vibrationen auf dem gesamten Brustkorb zur Unterstützung bei Atempatienten eingesetzt werden. Sie wirken schleimlösend und helfen, festgesetzte Sekrete zu lösen. Empfohlen wird hier, speziell in der Ausatemphase zu vibrieren, um den Auswurf zu unterstützen.

011
Zum Film: Klopfungen

SCHMERZPUNKT-MASSAGE

WIE GEHT ES?

Die Behandlung von besonders schmerzhaften und verspannten Verhärtungen in der Muskulatur findet man in der Literatur unter unterschiedlichen Bezeichnungen. Beim Menschen ist sie auch als Triggerpunktbehandlung populär geworden.

Die sogenannte Schmerzpunktmassage ist in der Pferdephysiotherapie z. B. als Stresspunktmassage nach Jack Meagher bekannt. Intensive Kenntnisse zu den Techniken der sehr effektiven Stresspunktmassage werden in Kursen an unterschiedlichen Instituten für Tierosteo- und -physiotherapie angeboten.

Mit einfühlsamem Druck wird in der Tiefe der Gewebe nach Verhärtungen, Verklebungen und „verklumpten" Muskelfasern gesucht. Hier kann die Vorstellung helfen, durch einen Schwamm eine Erbse erfühlen zu wollen, um sie dann unter der Fingerbeere zu zermahlen. In der Tiefe können zusätzlich kleine verschiebende Bewegungen ausgeführt werden, die allerdings nicht sichtbar sind. Auch zirkelnde Bewegungen des Fingers auf der verhärteten Stelle helfen, diese zu erweichen.

WAS BEWIRKT ES?

Schmerzpunkte leiden unter einem Energiemangel auf Zellniveau, der zur lokalen Verkürzung in der Muskelzelle führen kann. Für die mangelhafte Energieversorgung einzelner Muskelfasern sind unter anderem muskuläre Überforderung, Minderdurchblutung, Fehlhaltungen, aber auch Mangelernährung und Stress verantwortlich. Schmerzfühler in den Geweben alarmieren in diesem Zustand das Gehirn, sodass der Schmerz im Sinne eines Warnsignals wahrgenommen wird. Der durch die gefühlvollen Finger auf dem Schmerzpunkt angewendete Druck und das dadurch erreichte Annähern der Gewebsschichten sorgt für eine bessere Zirkulation. Die Versorgung wird lokal verbessert und die Schmerzsituation und die Härte können sich auflösen.

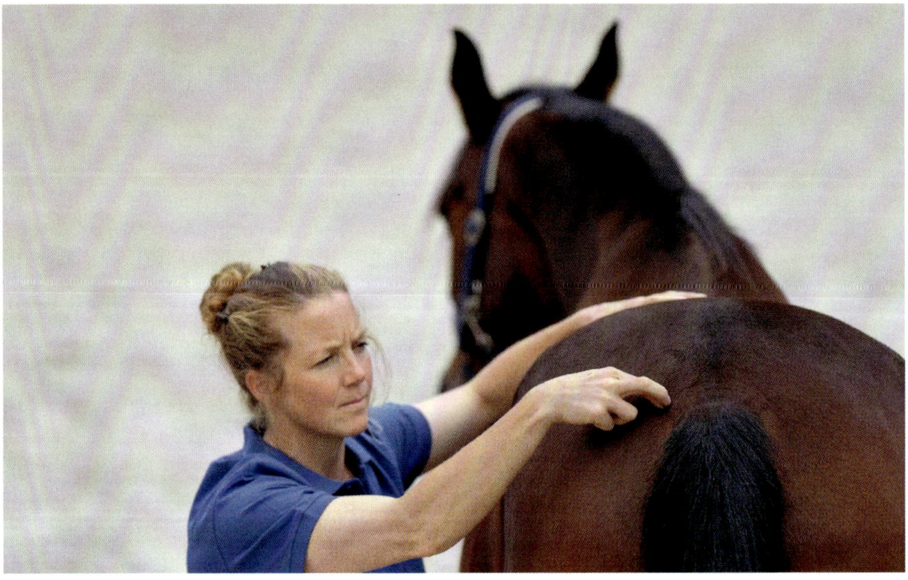

Auch auf den Ansätzen der langen Sitzbeinmuskeln finden wir häufig Schmerzpunkte. Nach erfolgreicher Behandlung können wir eine positive Wirkung auf das Gangbild und die Schweifhaltung bemerken.

FASZIENTECHNIKEN UND WEITERE BEHANDLUNGEN

Faszien geben dem Lebewesen seine unwiderrufliche Form und stellen ein Gerüst dar, das auch nach Entfernung aller anderen Körperstrukturen bestehen bleiben würde. Sie umhüllen Muskeln, Sehnen und Organe, aber auch das Gehirn und die Gefäße.

Durch ihr insgesamt elastisches und reaktives Verhalten können Faszien (sie werden auch als Bindegewebe bezeichnet) sämtliche Bewegungen, Drücke, Züge und auf den Körper einwirkende Scherkräfte dämpfen und weiterleiten. Da sie im ganzen Körper miteinander vernetzt sind, werden Wirkungen auf die Faszien auch im ganzen Körper verteilt und kommuniziert. Ihre Beweglichkeit und Verformbarkeit ist daher für die Gesundheit von großer Bedeutung. Auch wichtige Elemente des Immunsystems „wohnen“ in den Bindegeweben und sind so von einer reibungslosen Arbeit der Faszien abhängig. Flüssigkeiten werden hier gespeichert und transportiert, das spinnennetzartige Gewebe hat eine erhebliche Bedeutung für die Reinigung und Entgiftung.

FASZIENBEHANDLUNG – ALT ODER NEU?

In der osteopathischen Medizin spielten die Faszien schon vor über hundert Jahren eine bedeutende Rolle.
Auch im Bereich der Physiotherapie wurde die Faszienbehandlung seit jeher integriert. Unter dem Begriff der „Bindegewebsmassage" (Faszien = Bindegewebe) wurden schon vor vielen Jahren erfolgreich Gewebeschichten gelöst, Reflexzonen bearbeitet und die Beweglichkeit des Bewegungsapparats verbessert.
Seit einigen Jahren sind Faszien in aller Munde und als Faszienrollen angewendete Nudelhölzer werden nun in den sozialen Medien als Wunderheilmittel angepriesen.
Selbstverständlich können sämtliche Hilfsmittel mit Verstand und Gefühl wertvolle Hilfe für unsere Hände leisten. Aber bitte nutzen Sie keine Rädchensporen mit dem Argument, diese für die Faszientherapie zu brauchen! Bedenken Sie, dass sich in den Fasziengeweben besonders viele freie Nervenenden befinden. Das wichtigste Instrument für eine Behandlung bleiben Ihre Hände!

WO WENDET MAN FASZIENGRIFFE AN?

Faszientechniken können außer am Kopf, an Euter/Geschlechtsapparat und an frischen Wunden überall ausgeführt werden.
Zu den Faszientechniken gehören u. a. Hautrollungen, Verschiebegriffe, Abhebegriffe und auch das Handauflegen. In einigen Therapieformen wird mit therapeutischen Hilfsmitteln wie Schröpfgläsern, Stäbchen, Faszienrollen, Herbertkugeln oder Igelbällen gearbeitet. Wir arbeiten mit diesen Methoden, um oberflächlich das Bindegewebe zu lösen. In der Osteopathie werden weitere tiefergehende Techniken gelehrt, die auch die Umhüllungen des Nervensystems und die Hüllen der Organe erreichen.

DIE RICHTIGE DRUCKSTÄRKE

Auch bei den Faszientechniken richtet sich die Intensität nach dem individuellen Schmerzempfinden des Pferdes. Die Empfindlichkeit kann in unterschiedlichen Körperregionen sehr verschieden sein. Auch Rechts–Links-Unterschiede sind nicht selten, daher werden diese Griffe z. B. in der Befundaufnahme eingesetzt.
Wenn Sie als Besitzer gelernt haben, die Gewebe Ihres Pferdes zu erfühlen, verbessert sich auch Ihr Gespür für die Reaktionen des Pferdekörpers. Sie können Trainingsreize besser einschätzen und so schneller auf Veränderungen, auf Störungen des Bewegungsapparates reagieren und das Training anpassen, indem Sie z. B. eine Pause einlegen. Störfaktoren, wie beispielsweise schlechtsitzende Sättel, aber auch beginnende Sehnenentzündungen können schneller enttarnt werden.

Lassen Sie die Hände einfühlsam in die Gewebe einsinken, um den passenden Druck zu erreichen.

FLÄCHIGE VERSCHIEBEGRIFFE

WIE GEHT ES?

Legen Sie Ihre Hände flächig auf und lassen Sie sie in die passende Gewebetiefe sinken. Warten Sie geduldig, bis die oberflächlichsten die beruhigenden und wärmenden Signale Ihrer Hände registrieren und Ihnen Zutritt zu den tieferen Gewebsschichten erlauben. Haben Sie das Gefühl, die passende Gewebezone erreicht zu haben, können Sie die Befragung mit Ihren Händen starten. Während die eine Hand die Haut und Gewebeschichten fixiert, führt die andere Hand verschiebende Bewegungen aus und testet die Verschieblichkeit. Um ein gutes Gespür zu entwickeln, sollten Sie diese Technik zu Beginn im Seitenvergleich durchführen. Finden Sie eine schlechte Verschieblichkeit und verklebte Gewebeschichten, kann derselbe Griff auch zur Befreiung und Lösung der Verklebungen eingesetzt werden. Wiederholen Sie die durchgeführte Bewegung und ändern Sie dabei auch spielerisch die Richtungen Ihres sanften Zuges.

WAS BEWIRKT ES?

Vielleicht darf hier folgendes Bild Ihrer Vorstellungskraft helfen: Stellen Sie sich die oberflächlichen Faszienschichten wie einen schützenden, einhüllenden Mantel vor. Ist er jedoch schon ein paarmal geflickt worden und in der Wäsche eingelaufen, werden Sie vermutlich die Luft anhalten, um ihn noch zuzukriegen. Sämtliche alltägliche Bewegungen werden Ihnen in diesem Mantel schwerfallen und mit der Zeit werden Sie sie vermeiden, weil es zwickt. Womöglich werden Sie sich in Ihrer eigenen Haut ziemlich unwohl fühlen und schon bald verständlicherweise unleidig werden.
Die oben erklärten Verschiebegriffe stellen die dreidimensionale Verschieblichkeit der Faszien wieder her. Dadurch können sich die wabengitterartigen Strukturen in den Bindegeweben sortieren und regenerieren, sodass die Flüssigkeiten besser abtransportiert werden können. Die Drainage wird verbessert und durch das Befreien der Verklebungen werden Spannungen und Schmerzen gelindert, da sich die freien Nervenendigungen in den Bindegeweben wieder beruhigen. Kehrt die Beweglichkeit in den oberflächlichen Schichten zurück, können sich auch die darunterliegenden Strukturen wieder freier bewegen. Das trägt wesentlich zum Wohlbefinden bei.

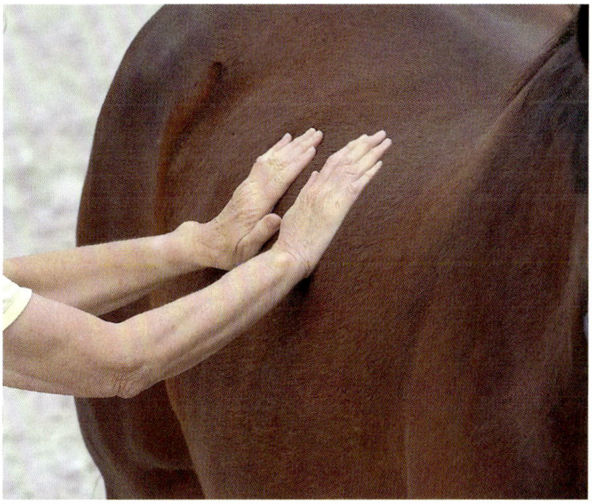

Legen Sie die Hände flächig auf und nehmen Sie sich Zeit, bis Sie die feinen Gewebebewegungen spüren.

Während eine Hand fixierend liegen bleibt, verschiebt sich die andere auf dem Gewebe und spürt deren Festigkeiten.

ABHEBEN DER HAUT-SCHICHTEN

012

Zum Film: Abheben der Haut-schichten

WIE GEHT ES?

Greifen Sie mit einer oder beiden Händen sanft eine Hautfalte. Um den Zustand dieser Gewebe zu testen, heben Sie die Falte langsam vom Körper ab und lösen nach kurzer Zeit Ihre Hand vorsichtig (nicht plötzlich!), um die Falte zu beurteilen.

Ist das Bindegewebe gesund und gut gesaftet, dann wird die Falte in sehr kurzer Zeit wieder verschwinden und es werden kaum sichtbare Spuren zurückbleiben. Hautfalten, die auch nach einiger Zeit noch stehen bleiben (siehe Bild unten rechts), weisen dagegen auf eine zu geringe Trinkmenge hin oder eben auf einen allgemein verklebten „ungesunden" Zustand der oberflächlichen Faszienschicht.

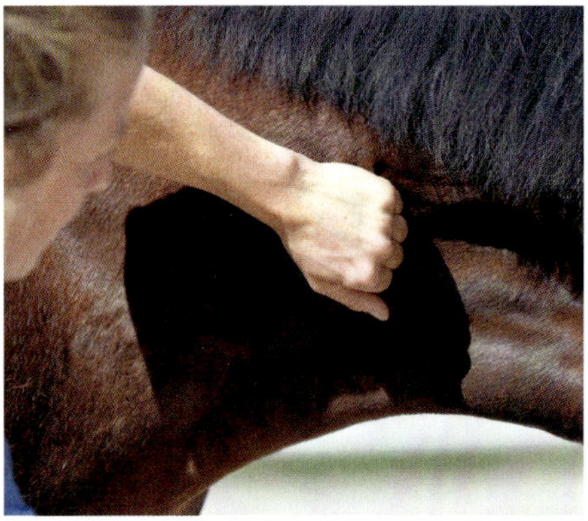

Heben Sie ohne zu kneifen eine Hautfalte vom Pferdekörper ab.

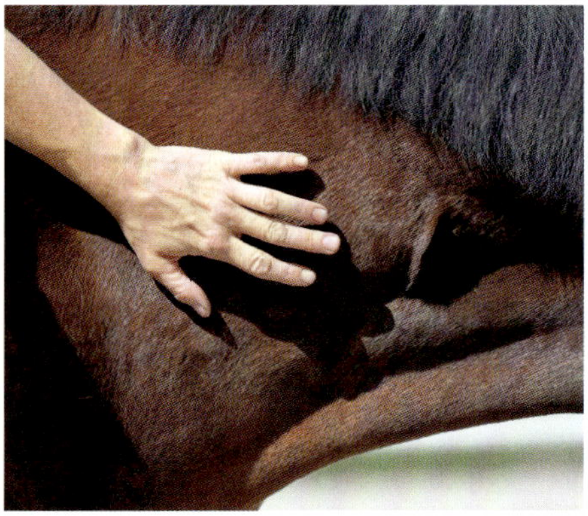

Verklebte Faszien können stehen bleiben, wenn Sie den Griff wieder lockern.

Bleiben Sie flexibel und rechnen Sie damit, dass das Pferd bei den Abhebegriffen mit dem Kopf schlagen kann. Lassen Sie Ihre Schultern und Arme locker, um das Pferd in seiner Beweglichkeit nicht zu begrenzen.

Um diesen Griff als Behandlung anzubieten, lassen Sie einige Atemzüge verstreichen mit der Hautfalte in Ihrer Hand, bis sich die Gewebeschicht weiter entspannt und bereit ist, noch ein wenig weiter vom Körper abgehoben zu werden. Wenn das Pferd darauf mit Zeichen der Losgelassenheit reagiert (wie Kauen, Gähnen, Seufzen, tiefen Atemzügen oder geschlossenen Augen) können Sie der Hautfalte in Ihrer Hand während des Abhebens leichte dreidimensionale Bewegungen anbieten.

Gehen Sie nur behutsam vor und begleiten Sie am Ende Ihres Griffes die Hautfalte wieder zurück in die Normalität. Gerne können Sie ein paar Streichungen anschließen, um die Flüssigkeiten weiter anzuregen und die gelösten „Müllprodukte" aus den Geweben zu transportieren.

Das Abheben und Einrollen einer Hautfalte soll dem Pferd keine Schmerzen zufügen. Haben Sie unbedingt die Mimik Ihres Pferdes im Blick und respektieren Sie seine individuelle Schmerzgrenze.

Loben Sie Ihr Pferd und bleiben Sie mit Ihren Händen und Ihrer Aufmerksamkeit im Dialog, wenn es so wunderbar Ihren Händen vertraut. Ein lockerer Unterhals und ein entspannter Gesichtsausdruck sind der Lohn für Ihre gefühlvolle Arbeit.

WAS BEWIRKT ES?

Durch den senkrechten Zug auf die Bindegewebsschichten werden Verklebungen gelöst. Die Flüssigkeitswege werden so wieder verbessert und der für ein optimales Gleiten nötige Flüssigkeitsfilm in den Faszien wird reguliert.

EINROLLEN DER HAUTSCHICHTEN

WIE GEHT ES?

Die Technik des Hautfaltenabhebens kann durch das Einrollen dieser Falte in Ihre Handfläche noch gesteigert werden.

Das Einrollen der Hautfalte in Ihrer Hand sollte mit den flächigen Verschiebegriffen und dem Abheben des Bindegewebes vorbereitet werden, da es andernfalls äußerst schmerzhaft sein kann. Wie beim Abheben einer Gewebefalte halten Sie diese mit kurzen Fingernägeln in Ihrer Hand und lösen Sie sanft aus Ihrer Umgebung. Haben die Züge etwas nachgelassen, können Sie nun vorsichtig beginnen, die Hand zu kippen, sodass Ihre Fingerknöchel eingedreht werden und Sie dadurch noch mehr Hautfalte vom Körper lösen. Auch hierbei warten Sie einige Atemzüge, bis sich mögliche leichte Abwehrbewegungen und die Spannungen auflösen. Loben Sie unbedingt Ihr Pferd, wenn es diesen Griff erduldet, und missbrauchen Sie auf keinen Fall sein Vertrauen, indem Sie ruckartig und unbedacht an den Geweben reißen. Warten Sie auf die Bereitschaft der Faszien mitzuarbeiten. Auch hier besteht für Sie kein Grund, dem Irrglauben zu verfallen, dass die Griffe erst wirkungsvoll sind, wenn sie wehtun.

WAS BEWIRKT ES?

Diese Verstärkungstechnik hat auch Einfluss auf tieferliegende Gewebeschichten und löst dort ebenfalls Verklebungen. Wie auch bei den zuvor beschriebenen Techniken verbessert sich im Anwendungsgebiet die Flüssigkeitsversorgung und der Stoffwechsel. Die Zellregulation kann verbessert werden und ein verbessertes Zellmilieu hat wiederum eine gesteigerte Leistungsbereitschaft zur Folge.

HAUTROLLUNGEN MIT WEGGEWINN

WIE GEHT ES?

Heben Sie eine Hautfalte ab und lassen Sie diese durch die Finger rollen. Stellen Sie sich vor, wie Sie die Gewebefalte durch „krabbelnde" Bewegungen Ihrer Finger wie eine Welle vor sich herschieben und dadurch Weg gewinnen. Rein theoretisch können Sie so von der Schulter bis zum Genick wandern. Aber Vorsicht! Diese Gewebewelle kann zu durchaus heftigen Abwehrbewegungen des Pferdes führen. Wenn das Gewebe stark verklebt ist und diese Technik dem Pferd Schmerzen bereitet, sollte das Gewebe durch Verschiebe- und Abhebegriffe vorbereitet werden.

WAS BEWIRKT ES?

Die auch als „Mäuschengriff" oder „Kiblersche Hautfalte" bekannte Griffweise hat einen stark durchblutungsfördernden Effekt. Würde nicht das Fell den Zustand der Haut verdecken, würden Sie sehen können, wie sich entlang der Hautrollungen rote Streifen bilden, die gelegentlich auch zeitweise etwas wulstartig hervorstehen. Für einige Pferdetypen ist diese Technik nicht geeignet, da in kurzer Zeit sehr viele Rezeptoren in der Haut und der oberflächlichen Faszie gereizt werden. Dies kann besonders bei sensiblen Pferden im wahrsten Sinne des Wortes eine unangenehme Reizüberflutung darstellen. Respektieren Sie auch hier die Reaktionen Ihres Pferdes. Es weiß genau, was ihm guttut.

QUADDELN

Besonders bei den Techniken des Hautabhebens, des Einrollens und der Hautrollungen mit Weggewinn können auch ohne Abwehrreaktionen des Pferdes mitunter starke Reaktionen im Fell sichtbar werden. Möglicherweise stellen sich hier einige Fellareale auf, vielleicht bilden sich sogar richtige Pusteln, die aussehen, als wäre eine Ameisenkolonie über die bearbeitete Zone gewandert oder eine Brennnesselpflanze hätte die Behandlung übernommen. Es handelt sich bei diesen Quaddeln um chemische Reaktionen: Die Griffe lösen die Freisetzung von Botenstoffen wie zum Beispiel Histamin aus. Infolgedessen laufen Flüssigkeiten aus den kleinen Blutgefäßen aus und sammeln sich im behandelten Gebiet, wodurch lokale kleinen Schwellungen sichtbar werden. Nach einiger Zeit werden die Schwellungen wieder abgebaut und die Fellreaktionen verschwinden. Auch hier reagieren wieder alle Pferde unterschiedlich. Unserer Erfahrung nach neigen blütigere Pferde stärker zu Quaddeln und Pusteln als Robustpferde, doch auch Alter, Krankheiten, in der Haut gesammelte Umweltgifte, der Ernährungszustand und Trainingszustand spielen bei der Reizverarbeitung und Reaktion eine Rolle. Kein Grund zur Sorge also, wenn sich nach einer Behandlung derartige Reaktionen zeigen.

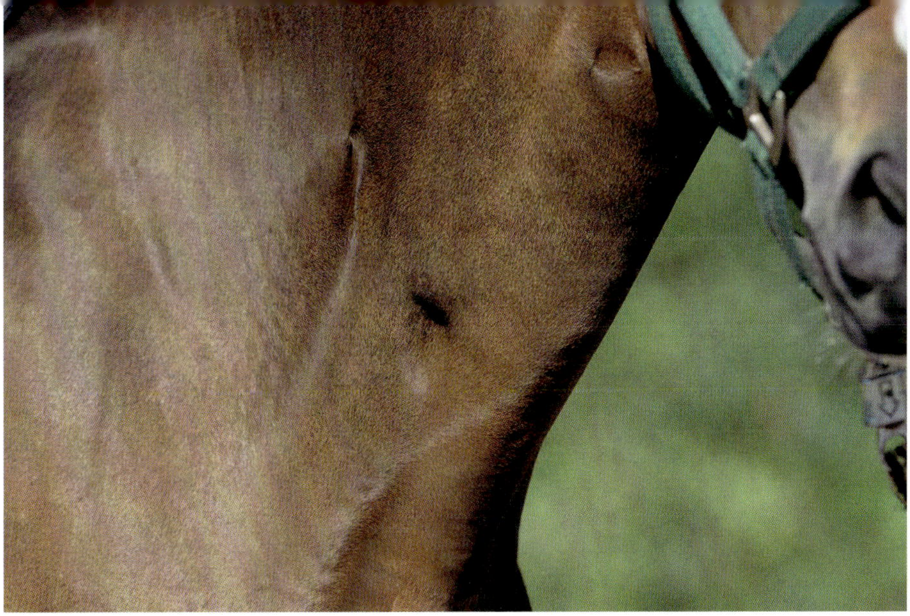

Narben sollten immer untersucht werden, indem man das Gewebe vorsichtig vom Rand zum Zentrum hin abhebt.

NARBENBEHANDLUNG

Handgriffe zur Mobilisation von Narben können eingesetzt werden, sobald die verletzten Gewebeschichten verwachsen sind bzw. die Fäden gezogen wurden. Hierzu lassen Sie sich von Ihrem Tierarzt und/oder Physiotherapeuten „grünes Licht" geben, um sicherzugehen, dass die Narbe stabil genug ist. Sind Sie unsicher, gibt Ihnen Ihr Therapeut sicher gern eine kleine Einweisung.
Auch wenn die Narbe selbst zunächst mit Handgriffen ausgespart wird, ist es äußerst sinnvoll, die weiterläufige Umgebung der frisch entstandenen Narbe mit sanften Streichungen zu unterstützen. Die Handgriffe und Streichungen zur Behandlung frischer Narben gehen in erster Linie in Richtung der Narbe, um den Wundverschluss zu fördern und den Stoffwechsel der Narbe lokal zu unterstützen.
Stellen Sie sich die Situation aus der Perspektive einer Narbe vor. Ihre Lebensaufgabe besteht darin, ein durch einen Chirurgen oder ein Trauma entstandenes Loch zu flicken, um den Körper vor Substanz- und Flüssigkeitsverlust sowie vor Eindringlingen und Erregern zu schützen. Diesen Job wird sie unter allen Umständen bestmöglich erfüllen und braucht dazu Baustoffe, Ruhe und Konzentration.
Um die Entwicklung einer gut funktionierenden, nicht störenden Narbe zu unterstützen, sollten Sie sämtliche Stressfaktoren, die auf Ihr Pferd Einfluss nehmen, entkräften und bestmöglich abstellen. Stress kann die Wundheilungsbedingungen äußerst negativ beeinflussen und eine verklebte, bewegungseingeschränkte Narbe hinterlassen. Diese Narbe kann für den Körper auch nach vielen Jahren ein massives Störfeld darstellen, das weitere Gewebe und Gelenke blockiert und Folgeketten verursacht. Missempfindungen, Wetterfühligkeit und lokale Kälte können ebenfalls in der Region gestörter und gestresster Narben auftreten, auch wenn uns das Pferd keine Auskunft dazu geben kann.
Sie haben aber mit Ihren Händen die Möglichkeit, die Narbe zu befragen und zu untersuchen. Legen Sie Ihre Hände auf die Narbe und kontrollieren Sie die Temperatur und die Verschieblichkeit der Narbe mit ihrer Umgebung. Kälte, hartes Narbengewebe und verklebtes Gewebe um die Narbe herum können Sie gut mit Ihren zarten Fingern

ertasten. Dürfen Sie die Narbe erst gar nicht berühren, weil Ihr Pferd Abwehrreaktionen zeigt, können Sie davon ausgehen, dass diese Narbe ein Störfeld darstellt.
Streichungen, Fasziengriffe, sanfte Knetungen sind gut geeignete Griffe, um die Umgebung der Narbe zu entstören. Narben, deren Wundheilung vollständig abgeschlossen ist, dürfen durchaus auch kräftiger behandelt werden. Hierzu eignen sich auch Zirkelungen um die Narbe herum, Querfriktionen und Abhebegriffe.
Die Intensität richtet sich immer individuell nach dem Empfinden des Pferdes. Testen Sie auch kleine unterschätzte Narben an Ihrem Pferd, denen Sie bislang keine große Bedeutung beigemessen haben. Nicht nur Kolik-OP-Narben, Kastrationsnarben und große Verletzungen sollten behandelt werden. Denken Sie auch an die Brandnarben vom Brandzeichen aus der Fohlenzeit, Satteldrücke, Scheuerstellen und Biss- und Trittverletzungen. Unter Umständen entstehen Narben auch in den tieferen Gewebsschichten, ohne die oberflächliche Haut verletzt zu haben, wenn dem Gewebe stumpfe Traumata zugefügt wurden.

NARBENGEWEBE

Narbengewebe ist minderdurchblutetes Gewebe, es sorgt als sogenanntes Ersatzgewebe für Halt und hat nicht die Funktionen des Originalgewebes. Zur Verbesserung des Heilungsprozesses ist die verbesserte Blutzirkulation wichtig. Ein weiteres Ziel ist es, die Verklebung der aufeinanderliegenden Gewebeschichten (Haut, Faszien, Muskulatur) und Folgeblockierungen der Umgebungen zu verhindern bzw. zu lösen.

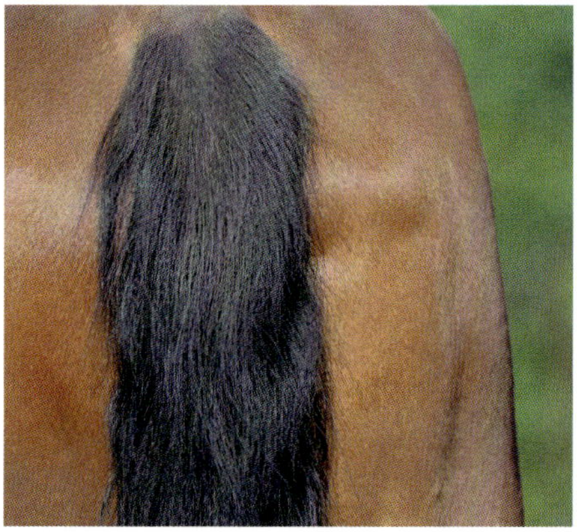

01

01
Egal an welcher Stelle man Narben entdeckt, das Gewebe sollte immer auf seine Verschieblichkeit überprüft werden.

02 – 03
Das Lösen tiefer Narben- und Faszienschichten kann die Beweglichkeit einer gesamten Gliedmaße positiv beeinflussen.

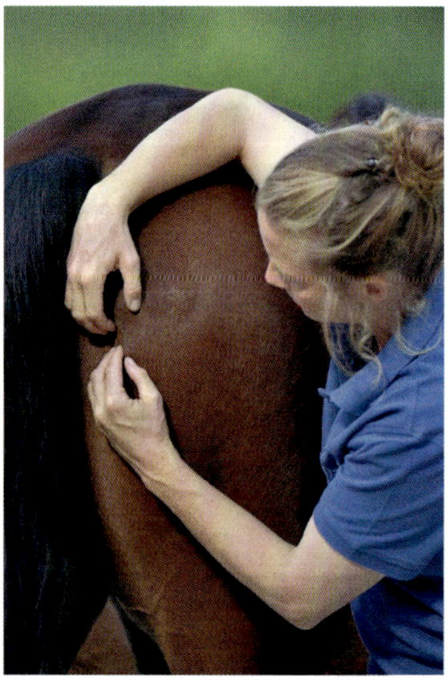

02

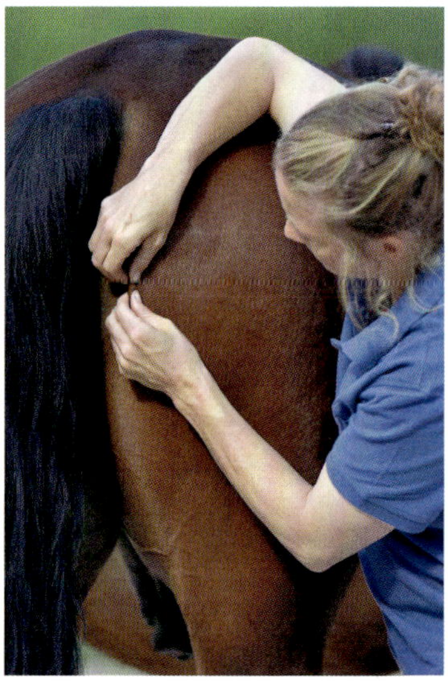

03

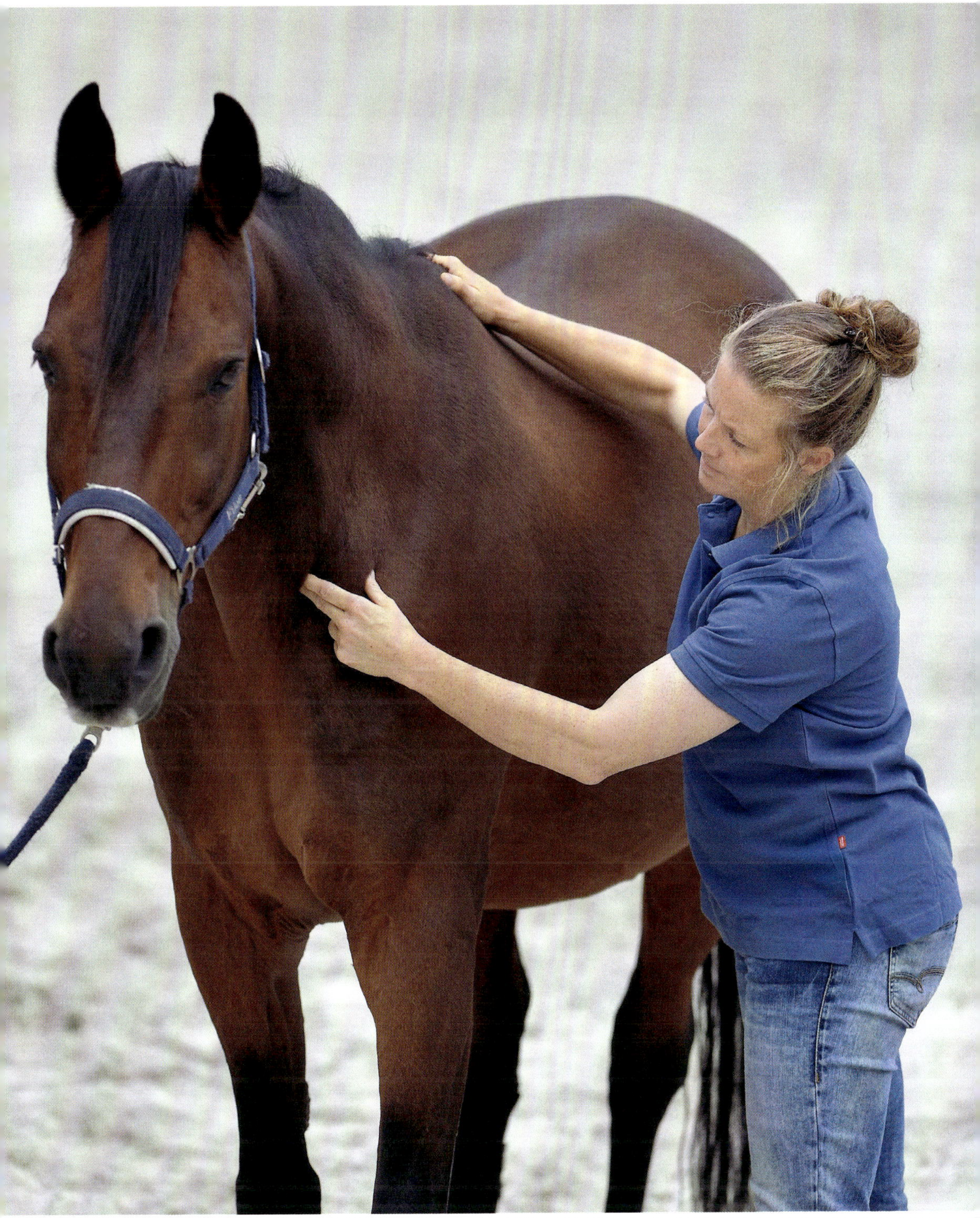

Auch unsichtbare Narben in den Geweben, die durch stumpfe Traumata entstanden sind, können mit unseren Händen massiert werden.

HERBERTKUGELN
— *Massagetool mit vielen Möglichkeiten*

MUSKULATUR SANFT UND EFFEKTIV BEHANDELN

Herbertkugeln sind ein schönes Instrument, um das Pferd wirkungsvoll und dennoch sanft zu behandeln. Sie sind aus Holz gefertigt, unterstützen die sanfte Massage des Pferdes und schonen die Hände des Behandlers.

Während meiner Ausbildung zur Pferdephysio- und Manualtherapeutin für Pferde am DIPO war mir das Erlernen verschiedener Massagetechniken sehr wichtig. Schnell stellte ich fest, dass Druck mit Händen und Fingern auf verspannter Pferdemuskulatur ein durchaus anstrengendes Unterfangen war. So suchte ich nach einer Möglichkeit, einem Medium, um die Massage effektiv für das Pferd und schonend für mich und meine Hände zu gestalten.
Meine Wahl fiel auf einen natürlichen, nachhaltigen Rohstoff: Holz! Die Kugelform schien mir besonders geeignet, da sie den Druck auf das Gewebe gleichmäßig verteilt. Zur Vorbereitung der äußeren Hautschichten dachte ich an eine „flache" Seite, da ich hier keinen punktuellen Druck ausüben wollte. Der mittlere Griff sollte gleichermaßen für große oder kleine Hände geeignet sein. Außerdem legte ich Wert auf ein robustes Design ohne Leimstellen.
So beauftragte ich einen lieben, pensionierten Schreinermeister mit der Fertigung mehrerer Prototypen aus verschiedenen Hölzern und nach meinen Vorstellungen. Der Name des besagten Schreiners lautet – wie kann es anders sein – Herbert. Es stellte sich heraus, dass Buchenholz die perfekte Wahl war.

DIE INNOVATION

Nach langen Tüfteleien bezüglich der Größe, der genauen Form und der Wahl des richtigen Holzes waren sie endlich geboren: die Herbertkugeln, gedrechselt aus einem Stück. Die verschiedenen Größen bringen zwei Vorteile mit sich: Zum einen in der Wirkung, denn der Druck der großen Kugel auf das Gewebe ist etwas sanfter und weniger punktuell als der der kleineren Kugel. Zum anderen kann die Kugelgröße der Patientengröße angepasst werden. Sie können sich vorstellen, dass bei einem kleinen Pony weniger „Platz" zur Behandlung ist, als bei einem großen Pferd (z. B. bei der Behandlung an der Nackenmuskulatur).
Mittlerweile ist das Sortiment erweitert um den „Triggerherbert". Hier war meine Absicht, noch punktueller auf einem kleineren Areal zu arbeiten und so gezielt auf lokale Schmerzpunkte eingehen zu können. Auch Handlichkeit und die Nähe meiner Hand zum Pferdekörper standen für mich im Focus. Ich wollte in der Lage sein, eine direkte Antwort vom Gewebe in Form von „weicher werden" oder dem Gefühl eines „Schmelzen" des Schmerzpunktes unter der Kugel zu erspüren.

Die Herbertkugeln: a) Groß b) Klein c) Trigger

MASSAGE MIT HERBERTKUGELN

Wie bei allen Anwendungen untersuchen Sie Ihr Pferd durch Abstreichen mit den Händen auf Festigkeit bzw. Verspannungen. Beide Hände streichen dabei sanft über den Pferdekörper. Beginnen Sie an der Kaumuskulatur des Pferdes, streichen Sie die Wangen entlang. Dann „scannen" Sie Hals, Schulterbereich, Sattellage, die lange Rückenmuskulatur und den Kruppenbereich mit den langen Sitzbeinmuskeln. Zeigt Ihr Pferd an einigen Stellen Unwohlsein, angelegte Ohren oder sonstige Abwehrreaktionen prüfen Sie diese Stellen vorsichtig erneut auf Druckempfindlichkeit und Festigkeiten des Gewebes. Kalte Bereiche in der Muskulatur können ebenfalls auf Verspannungen oder Minderdurchblutung hinweisen.

BESONDERHEITEN

- Die Kugelform verteilt den Druck optimal auf das Gewebe.
- Das Buchenholz führt durch Reibung zu leichter Erwärmung des Behandlungsgebietes und wirkt somit durchblutungsfördernd. Außerdem wird Buchenholz eine antibakterielle Wirkung zugeschrieben.
- Die besondere Form der beiden Enden erlaubt verschiedene Handhabungen und Anwendungsmöglichkeiten.
- Bei stärkerem punktuellem Druck werden die Hände und Finger des Behandlers geschont.
- Die Massage ist einfach und kann auch von Laien problemlos durchgeführt werden.

DIE RICHTIGE ANWENDUNG

Prinzipiell können Sie die gesamte, oberflächliche Muskulatur Ihres Pferdes behandeln, sowohl muskuläre und fasziale Verspannungen als auch Schmerzpunkte. Ziele sind immer eine Normalisierung des Muskeltonus und die Durchblutungsförderung. Das Bindegewebe und die Muskulatur sollen gelockert werden. So wird eine gute Versorgung mit Nährstoffen und ein Abtransport der Abfallprodukte aus dem Gewebe gewährleistet.

BITTE BEACHTEN

Das Pferd soll die Behandlung genießen und sich dabei entspannen. Seien Sie also behutsam und achten Sie auf die Reaktionen Ihres Pferdes. Grundsätzlich gilt: Herbertkugeln dürfen nicht an Körperöffnungen, Geschlechtsteilen, Knochenvorsprüngen wie Dornfortsätzen, Hüfthöcker etc. angewendet werden. Gegen eine Anwendung sprechen auch

- akute Verletzungen, Ekzeme, Tumore, offene Wunden;
- Fieber;
- Trächtigkeit.

TECHNIKEN MIT DER KUGELSEITE

LANGE STRICHFÜHRUNG

Lange Strichführungen sind die ideale Technik für die erste Gewöhnung an die Herbertkugeln und eine gute Vorbereitung aller anderen Massagetechniken. Die Ausführung mit der flachen Seite wirkt etwas weniger in der Tiefe als die mit der Kugelseite. Somit ist sie besonders geeignet für sehr berührungsempfindliche Pferde. Der Druck wird dem Empfinden des Pferdes angepasst.

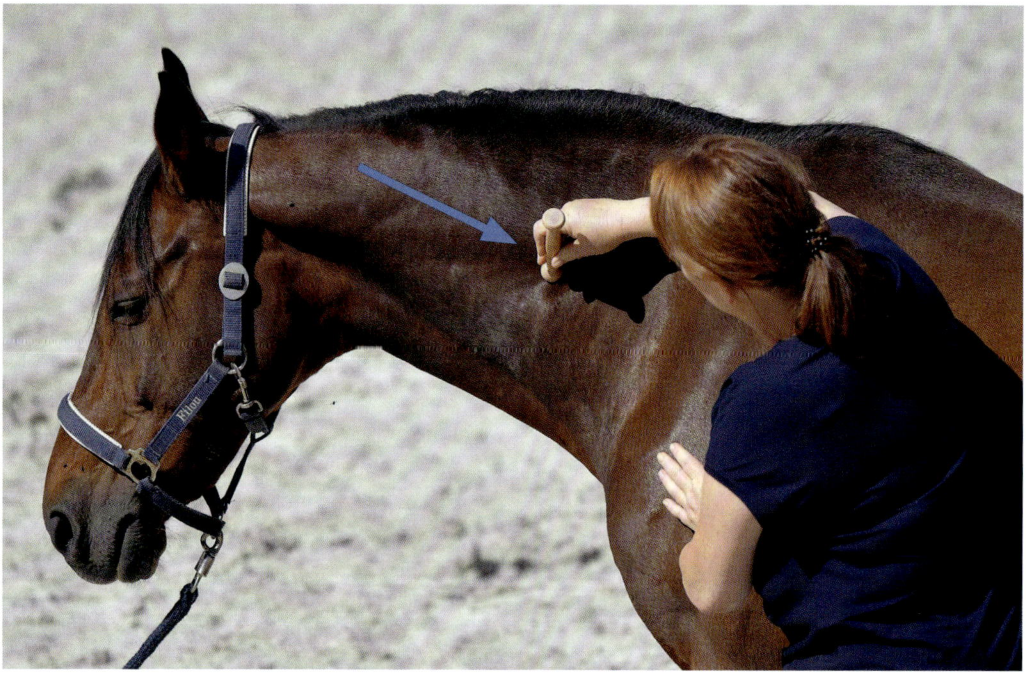

Lange Strichführung im Muskelbereich oberhalb der Halswirbelsäule mit der Kugelseite

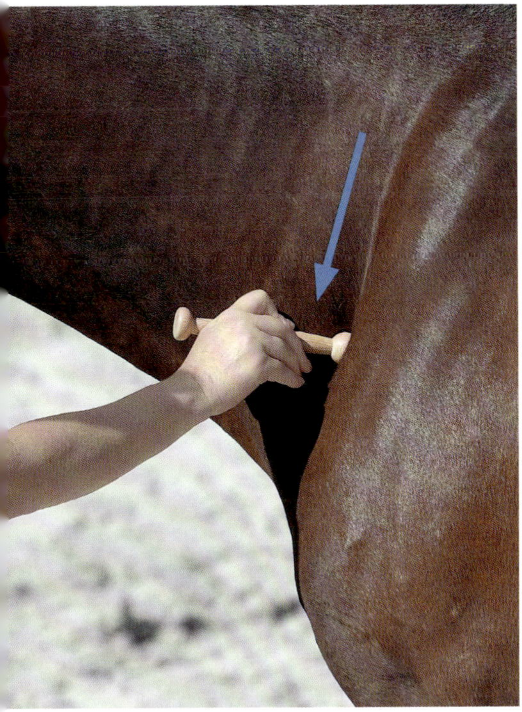

Nach einigen langsam und sanft durchgeführten Wiederholungen in Fellrichtung …

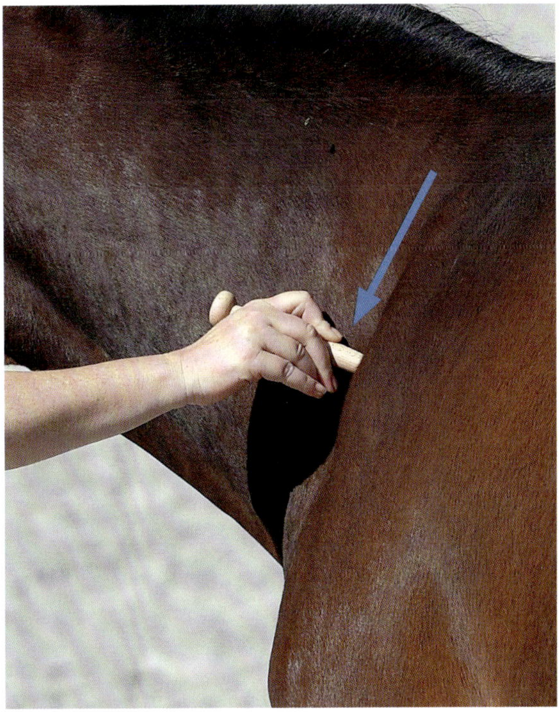

… lockert sich die Muskulatur vor dem Schulterblatt und die Kugel kann deutlich weiter in das Gewebe gleiten.

So geht es: Gleiten Sie in langer Strichführung und mit leichtem Druck drei- bis viermal über die Muskulatur (Hals, Rücken, Kruppe, lange Sitzbeinmuskeln).
Für eine freie Bewegung und Raumgriff benötigt das Pferd eine frei bewegliche Schulterpartie. Vorhandlastigkeit, zu intensives Training oder eine Fehlstellung der Hufe können beispielsweise Gründe für Verspannungen in diesem Bereich sein. Auch hier können Sie behandeln: Führen Sie den Hals des Pferdes leicht in Ihre Richtung. So wird der Bereich vor dem Schulterblatt etwas entspannt und die Herbertkugel kann sanft unter das Schulterblatt gleiten. Mit der Kugel gleiten Sie von oben kommend in die Rille vor dem Schulterblatt und streichen diese drei- bis viermal entlang. Nach einigen Wiederholungen entspannt die Muskulatur vor dem Schulterblatt und die Herbertkugel gelangt mehr in die Tiefe des Gewebes.

KURZE STRICHFÜHRUNG

Prinzipiell haben die kurze und die lange Strichführung die gleiche Wirkung. Gehen Sie immer langsam vor, um die Muskulatur zu entspannen. Wenn Sie nur in kleinen Bereichen Verhärtungen oder Verspannungen aufgespürt haben, können Sie diese Areale gezielt mit kurzen Strichen behandeln.
So geht es: Arbeiten Sie in oder gegen die Fellrichtung in kurzen, sich wiederholenden Strichen. Wiederholen Sie jeden Strich drei- bis viermal.

013
Zum Film: Lange Strichführung mit der Kugelseite

MERKE
Üben Sie den Druck so sensibel aus, dass Ihr Pferd keine Abwehrreaktionen zeigt oder ausweichen möchte.
Manche Pferde empfinden die kurze Strichführung angenehmer als die lange.

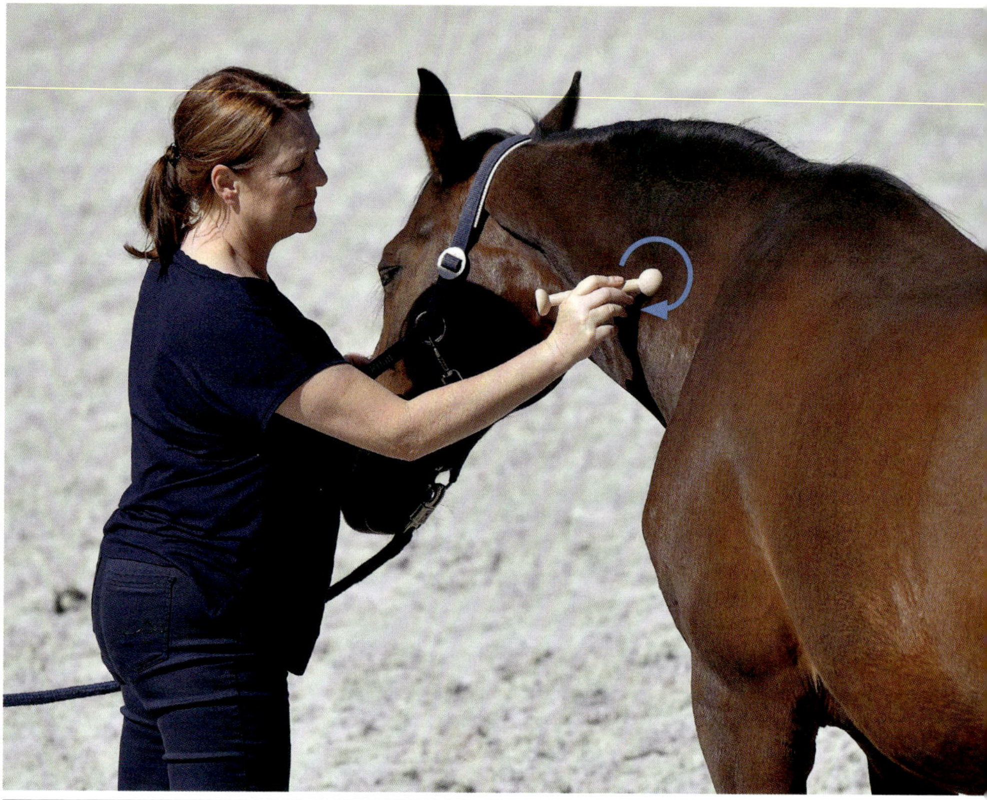

Die Kreisung wird am Hals des Pferdes im Uhrzeigersinn durchgeführt. Falls es dem Behandler oder dem Pferd angenehmer ist, können Sie auch gegen den Uhrzeigersinn kreisen.

KREISUNGEN

Kreisungen eignen sich gut zur Behandlung von druckempfindlichen Arealen in der Muskulatur des Pferdes.

So geht es: Kreisungen werden mit oder gegen den Uhrzeigersinn in kleinen, kreisenden Bewegungen nach der Strichführung ausgeführt. Hier eignen sich die Kugelseiten der großen und kleinen Herbertkugel. Sollte Ihr Pferd empfindlich auf den Druck mit der Kugel reagieren, beginnen Sie im schmerzfreien Bereich und nähern sich in kleiner werdenden Kreisen der schmerzhaften Stelle. Legen Sie Ihre freie Hand neben den Behandlungsbereich. So spüren Sie am besten die Veränderung des Gewebes.

TECHNIKEN MIT DER FLACHEN SEITE

Mit der flachen Seite der Herbertkugeln können Sie durch langsame Strichführungen, Eindrehungen und Vibrationen die Haut und Muskulatur des Pferdes lockern. Diese sind häufig durch Stress und Anspannung regelrecht mit ihren Faszien „verbacken“. Das gilt ebenso für die Genick- und Kaumuskulatur. Auch zur ersten Gewöhnung an die Herbertkugel bietet sich das Behandleln mit der flachen Seite an. Auf diese Weise arbeiten Sie sehr sanft und erzielen eine durchblutungsfördende Wirkung.

LANGE STRICHFÜHRUNG

Die lange Strichführung eignet sich auch besonders zur Behandlung der Zwischenrippenmuskulatur für die Lockerung dieser, die bei Husten, COPD usw. meist verkürzt ist. Eine gelockerte Zwischenrippenmuskulatur kann die freie Atmung des Pferdes positiv beeinflussen

So geht es: Ertasten Sie mit Ihrer Hand die Rippen des Pferdes und ihren Verlauf. Die Kante der flachen Herbertkugelseite wird auf die Muskulatur zwischen den Rippen angesetzt. Mit leichtem Druck wird nun mit der Herbertkugel der Raum zwischen den Rippen ausgestrichen. Es ist sinnvoll, die Strichrichtung in Fellrichtung durchzuführen. Auf diese Weise können Sie mehrere Zwischenrippenräume behandeln, um dort die Muskulatur zu lockern. Arbeiten Sie auch hier langsam und sanft. Ein tiefer Seufzer des Pferdes zeigt Ihnen häufig den Erfolg der Behandlung an.

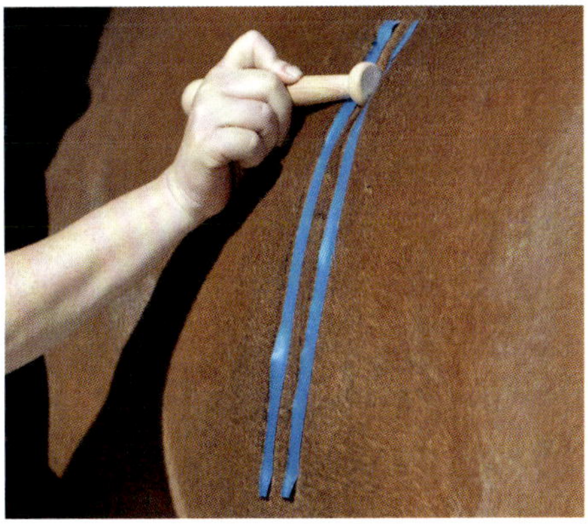

Zur Veranschaulichung wurden hier die Rippen blau markiert.

MERKE

Auch hier gilt: Mit der Herbertkugel nicht auf den knöchernen Rippen arbeiten, sondern immer im muskulären Bereich dazwischen!

Die Kante der flachen Seite gleitet zwischen den Rippen über die Zwischenrippenmuskulatur.

Kurze Strichführung mit der flachen Seite über die verspannte Kaumuskulatur

Kurze Strichführung mit der flachen Seite über die verspannte Nackenmuskulatur

014
Zum Film: Kurze Strichführung mit der flachen Seite

KURZE STRICHFÜHRUNG

Kurze Strichführungen mit der flachen Seite werden besonders sanft ausgeführt. Sie eignen sich sehr gut zur Behandlung der Kau- und Genickmuskulatur.

So geht es: Gleiten Sie mit der flachen Seite der Herbertkugeln in kurzer Strichführung drei- bis viermal mit leichtem Druck über die Muskulatur. Die meisten Pferde bevorzugen hier das Arbeiten in Fellrichtung.

Eindrehung mit der flachen Seite zur Lockerung der Haut und des darunterliegenden Gewebes.

015
Zum Film: Eindrehungen mit der flachen Seite

EINDREHUNGEN

Eindrehungen eignen sich, um die Haut und die oberflächlichen Faszienschichten zu lockern.

So geht es: Setzen Sie die flache Seite der Herbertkugel mit leichtem Druck auf das Fell und drehen Sie diese auf der Stelle. Hierbei „nehmen" Sie sowohl das Fell als auch die Haut und das Gewebe darunter mit in die Drehungen.

Führen Sie diese Drehung nur soweit aus, bis Sie einen Widerstand der Haut fühlen und diese sich nicht weiter „mitnehmen" lässt. Halten Sie anschließend diese Position ca. 20 Sekunden, bis der Widerstand nachlässt. Anschließend gehen Sie langsam wieder aus der Hautdrehung heraus und wiederholen diesen Schritt drei- bis viermal.

MERKE

Die Herbertkugel sollte bei dieser Technik nicht über das Fell gleiten, sondern die Haut und das Fell „eindrehen".

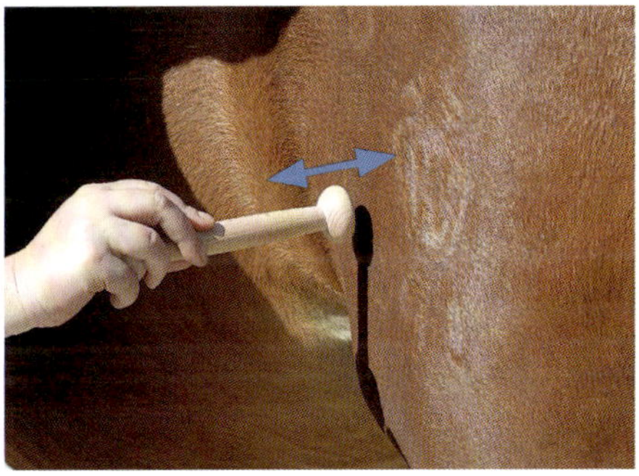

Schwingungen mit der flachen Seite im Bereich der Oberschenkel

SCHWINGUNGEN

Diese Technik eignet sich zur allgemeinen Entspannung/Detonisierung großer Muskelgruppen wie der Kruppenmuskulatur oder der langen Sitzbeinmuskulatur.

So geht es: Die Herbertkugel wird mit der flachen Seite auf das Fell gesetzt. Nun versetzen Sie die Muskulatur in Schwingung, indem Sie in schnellen, kurzen Bewegungen gegen das Gewebe „tippen". Achten Sie darauf, dass die Herbertkugel während der Behandlung stets in Kontakt mit dem Pferdekörper bleibt.

016
Zum Film: Schwingungen mit der flachen Seite

DER TRIGGER

Pferde können sehr punktuelle, schmerzhafte Bereiche in der Muskulatur entwickeln. Der Stoffwechsel des Muskels ist an dieser Stelle gestört und ein Druck in diesem Areal äußerst schmerzhaft. Ursache ist häufig eine Überbelastung, ein drückender Sattel oder sogar Satteldecken, in denen sich das Füllmaterial verknäult hat.
Häufig finden wir diese Punkte im Bereich Widerrist, Sattellage, Kruppe und Genick. Beim direkten Druck auf diese Punkte, kann man oft ein Zittern der umliegenden Muskulatur beobachten. Diese Reaktion verschwindet meist während der Behandlung.

Wichtig ist: Lassen Sie sich Zeit mit der Behandlung und beobachten Sie, ob das „Zittern" weniger wird. Die Behandlung kann durchaus auch mal 60 Sekunden dauern und je Punkt zweimal wiederholt werden.
Wichtig: Überprüfen Sie, ob die Ursache in der Ausrüstung des Pferdes liegen könnte – und lassen Sie z. B. den Sattel fachmännisch überprüfen.

PUNKTUELLE DRUCKTECHNIK

Diese Technik eignet sich besonders zur Behandlung von Schmerzpunkten.
So geht es: Legen Sie die große Kugel des „Triggers" in Ihre Hand und setzen Sie die Kleine auf oder kurz neben den schmerz-

01

haften Bereich. Nun steigern Sie langsam den Druck in das Gewebe. Dabei bewegt sich die Kugel NICHT hin und her. Während Sie den Druck langsam steigern, achten Sie auf die Reaktion des Pferdes. Ein guter Hinweis auf Wohlbefinden und Entspannung sind z. B. das Senken des Kopfes, Kauen, Lecken, Schmatzen und entspannt zur Seite geneigte Ohren. Halten Sie den Druck über einige Atemzüge des Pferdes. Anschließend lösen Sie den Druck wieder, halten jedoch sanft den Kontakt mit der Kugel zum Pferdekörper.
Zum Abschluss der Druckbehandlung können Sie noch einmal in kleinen Kreisungen sanft über die behandelte Stelle gleiten.

MERKE
Zu eng geschnallte Trensen, Halfter und drückende Kopfeisen von Sätteln können schnell zu Schmerzpunkten führen. Diese können Sie sehr effektiv mit dem „Trigger" behandeln. In solchen Fällen muss die Ursache der schlechtsitzenden Ausrüstung des Pferdes behoben werden!

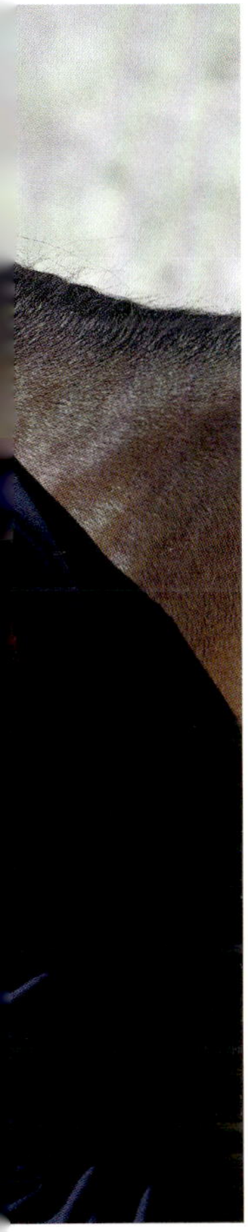

02

01 Punktuelle Druckbehandlung mit dem Trigger auf der Nackenmuskulatur

02 Punktuelle Druckbehandlung im Widerristbereich

HAND ANS PFERD — *Anwendungen und Fallbeispiele*

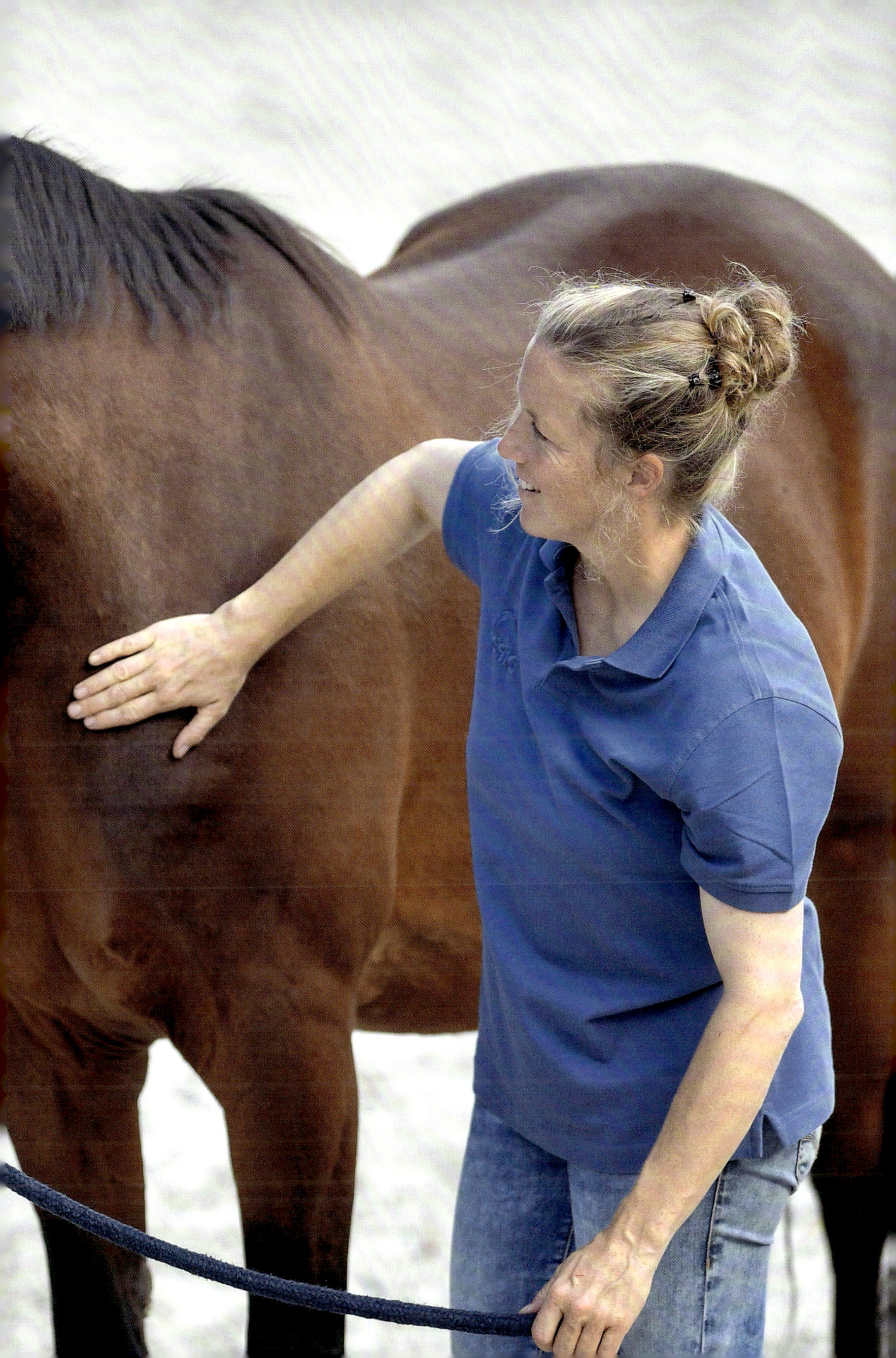

ANWENDUNGEN FÜR DAS GENICK

Gummihalfter, Packsbänder an Anbinderingen, Moosgummi unter der Trense: Reiter und Pferdebesitzer werden erfinderisch, wenn es um Probleme des Genicks geht. Wir möchten Ihnen die Ursachen bewusst machen und Handgriffe zeigen, die dem Pferd helfen.

Viele unserer Patienten haben sich nicht nur einmal im Leben in den Strick gehängt, bis das Halfter riss oder Schlimmeres passierte. Für viele der Reiter und Pferdebesitzer geht dieses Trauma als Bagatelle durch und wird häufig gar nicht in der Befragung vor einer Behandlung erwähnt. Schließlich handelt es sich hier nicht um ein Einzelschicksal. Allzu oft werden die reiterlichen Beschwerden, die mit dem Genick verknüpft werden, gar nicht im Zusammenhang mit Strickhang und anderen Traumata gesehen.

ANZEICHEN FÜR GENICKPROBLEME

Die Liste der Symptome rund um das Thema Genickprobleme ist lang. Um nur einige zu nennen: Verwerfen, auf den Zügel legen, Einrollen, Kopfschlagen, falscher Knick …
Darüber hinaus sollten in diesem Zusammenhang aber auch Zungenfehler, Gleichgewichtsstörungen, Konzentrationsschwierigkeiten, Kaustörungen und Schluckbeschwerden bedacht werden. Aus unserer osteopathisch-praktischen Tätigkeit am Menschen heraus erlauben wir uns Gedanken an mögliche weitere Symptome, wie z. B. Kopfschmerzen und Tinnitus.
Das Pferdegenick ist nicht nur anfällig für Verletzungen, sondern kann ebenso durch die Ausrüstung und Hilfszügel malträtiert werden. Dabei sind Kopflongen, als Flaschenzug verschnallte Doppellongen mit Umlenkrollen und Spanische Zügel zwar grauenvoll, allerdings eher seltener anzutreffen. Schlaufzügel oder Ausbinder, die nie länger gemacht und ganz ausgehakt werden, sind schlimm für das Genick und leider keine Ausnahme. Doch auch die Reiterhand, die Kopf und Hals des Pferdes in eine bestimmte Form presst, um dort für ganze Reitstunden zu verharren, kann großen Schaden im Genick anrichten.
Verspannungen der kurzen Nackenmuskeln sind häufig der Anfang, Genickbeulen, Schleimbeutelentzündungen und Reizungen mit Verkalkung des Nackenbandes folgen schneller, als die Reiter die Folterwerkzeuge in die Tonne werfen.
An dieser Stelle möchten wir Sie dafür sensibilisieren, dass Vorsorge immer viel erfolgreicher ist als die Nachsorge! So häufig sind wir zu Patienten gefahren, deren Diagnose in Stein gemeißelt war, und deren sogenannter „Point of no Return“ überschritten wurde. Gemeint ist damit, dass bei bestimmten

ACHTSAM SEIN

Vorsorge ist besser als Nachsorge! Prüfen Sie Ihr Equipment, Haltung und Reitweise, um das Pferd vor Schmerzen zu schützen!

körperlichen Prozessen die Gewebegrenze so weit überschritten wurde, über viele Wiederholungen, dass die Gewebe nie wieder in ihre Ursprünglichkeit zurückfinden werden und sich an die Stress- und Leidenssituation anpassen und verändern. Sie reagieren auf Überbelastung durch Scherkräfte und fehlende Regenerationsphasen und verdichten sich bis zur Umformung.
Eine Verkalkung des Nackenbandes ist irreversibel, eine Arthrose kann auch nicht durch perfekte Therapie zurückgebildet werden, eine Narbe bleibt eine Narbe. Vor dieser Tatsache verschließen wir gern die Augen, doch der Krug geht eben nur so lange zum Brunnen, bis er bricht. Die dann aufgebrachte Energie der Therapie dient einem Prozess, der mit viel Mühe die Scherben aufliest, die in vielen Fällen hätten vermieden werden können. Das ist frustrierend für den Therapeuten, den Besitzer und seinen Geldbeutel – vor allem aber für den vierbeinigen Patienten. Machen Sie es besser und bewahren Sie Ihr Pferd vor Schmerzen.

Das Genick des Pferdes ist eine sehr sensible Region.

WECHSELWIRKUNGEN

Das Kiefergelenk, das Zungenbein und das Genick treten in große Wechselwirkungen untereinander. So ist es nicht verwunderlich, dass Pferde mit stramm verschnürtem Nasenriemen in sehr kurzer Zeit massive Losgelassenheits- und Genick- sowie Zungenprobleme bekommen.

FALLBEISPIEL: FAARBORG

Faarborg hatte als junge Stute unter anderem unter einer unpassenden Trense zu leiden. Ihr breiter, großer Kopf passte nicht mit den gut gemeinten „anatomisch geformten" Ohrenaussparungen zusammen. Ein viel zu kurzes Stirnband zog das Genickstück nur weiter auf den Ohrengrund. In dieser Region verlaufen viele wichtige und sensible Nerven, die durch unpassend verschnalltes Zaumzeug leicht irritiert werden können. Zudem wurde bei der Stute der Nasenriemen bis zum Anschlag zugeschnürt und somit keine Bewegung im Kiefergelenk mehr zugelassen. Kein Kauen – keine Losgelassenheit, so einfach ist das! Für das Pferd allerdings noch viel dramatischer: Keine Kiefergelenksbewegung, kein Kauen, kein einfaches Abschlucken von Schaum und Speichel, kein Platz und Spielraum für die Zunge, deren lange Muskeln bis in das Schulterblatt, das Brustbein und in die Schulter ziehen.
Leider stellen wir häufig fest, dass die Angewohnheit, dem Pferd das Maul zuzusperren, mit einer Reitweise kombiniert ist, die auch Kopf und Hals wenig Freiheit zugesteht. Kauen, Schlucken, Ausschütteln und Durchatmen nach einer kurzen konzentrierten Arbeitsphase sind jedoch eine elementare Basis für erfolgreiches Training mit dem vierbeinigen Freund.

☞ DIE PASSENDE TRENSE

Die Kontrolle der Ausrüstung spielt nicht nur in der Behandlung eine wichtige Rolle. Sie sollte auch durch den Reiter und Besitzer regelmäßig kontrolliert werden.

Zwei Finger sollten bequem unter den Nasenriemen passen, um eine gute Tätigkeit des Kiefers zu gewährleisten.

Hier verläuft das Backenstück zu dicht an den knöchernen Strukturen des Kiefergelenks. Das Stirnband klemmt zudem das Ohr ein.

Hier sitzt das Backenstück zu dicht an der Jochbeinleiste, wodurch die Knochenhaut gereizt werden kann und empfindliche Gesichtsnerven in ihrem Verlauf gestört werden.

Zwei Trensen im Vergleich: Sie können den Abstand des Backenstücks zum Auge gut erkennen – die rechte Trense passt, die linke nicht! Auch im Bereich des Kiefergelenks dürfen die Lederstücke die Knochen nicht einquetschen und irritieren.

GRIFFE FÜR DAS GENICK

Zunächst sollten Sie die gesamte Genickregion sehr behutsam abstreichen und abtasten, um mögliche Abwehrreaktionen und Schmerzpunkte herauszufinden und kennenzulernen. Achten Sie auf Temperaturunterschiede, Verhärtungen, Knubbel oder Einziehungen. Vergleichen Sie die Muskulatur etwa zwei bis drei Handbreit hinter dem Genick mit der anderen Seite. Auch ein sanfter Griff in den Mähnenkamm kann Ihnen Hinweise darauf geben, wie angespannt diese Region ist.
Nähern Sie sich langsam vom Widerrist kommend der Genickregion und versuchen Sie, kurz hinter dem Genick das Nackenband etwas abzuheben. Die Hände, die das Nackenband umschließen, dürfen nicht plötzlich zugreifen und oder gar kneifen. Kurze Fingernägel sind hierbei Voraussetzung! Lassen Sie sich Zeit dabei und beobachten Sie Ihr Pferd gut. Wenn sich das Nackenband gar nicht umgreifen oder verschieben lässt oder Ihr Pferd deutliche Abwehrreaktionen zeigt, können Sie gewiss sein, dass diese Region betroffen ist. Vorsicht bezüglich der Reaktionen des Pferdes: Nicht nur kopfscheue Pferde können plötzlich sehr erschrocken oder aufgebracht reagieren. Mitunter steigt das artigste Pferd ohne Verwarnung, wenn die Finger eine gereizte Stelle im Genick erfassen.

NICHT ANBINDEN

Wenn Sie dem Genick Ihres Pferdes etwas Gutes tun möchten, dann beachten Sie bitte unbedingt, dass Sie das Pferd unter keinen Umständen dabei anbinden sollten. Bitten Sie stattdessen einen Helfer, Ihr Pferd festzuhalten oder behandeln Sie Ihr Pferd in einer ruhigen Umgebung, in der es nicht weglaufen kann.

Ihre Arme bewegen sich locker mit allen Bewegungen des Kopfes mit. Manchmal müssen Sie dabei über sich hinauswachsen, um nicht abgeschüttelt zu werden. Ihr Griff bleibt weich und mitfühlend im Genick, auch wenn sich der Pferdekopf bewegt.

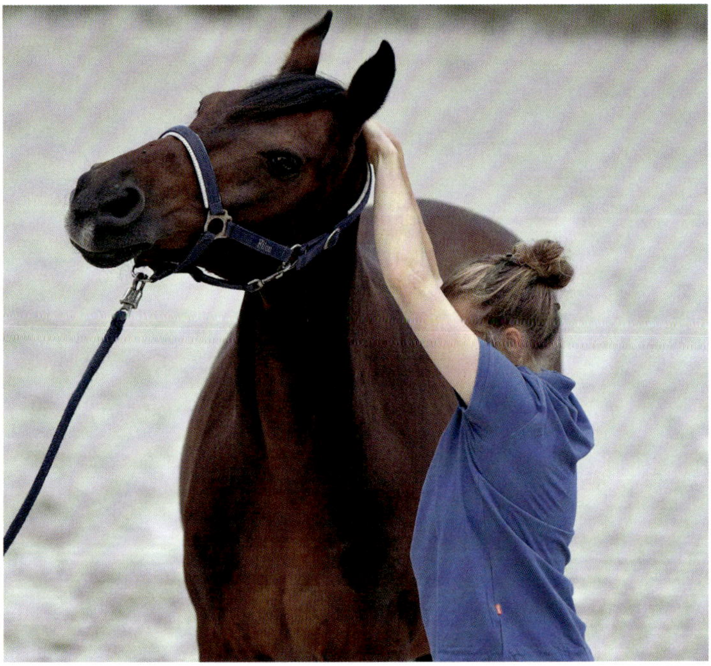

Im Genick können Sie Streichungen, Reibungen und Zirkelungen einsetzen. Auch sanfte Schmerzpunktbehandlungen und Faszientechniken sind hier sehr erfolgreich anzuwenden.

MASSAGE DER KURZEN NACKENMUSKELN

Im Genick gibt es unterschiedlich verlaufende kurze Nackenmuskeln, die sich hauptsächlich zwischen dem Hinterhauptbein und dem ersten und zweiten Halswirbel befinden. Häufig sehr verspannt und auch gut zu berühren sind die Strecker des Nackens, die sich am Tragen des Kopfes beteiligen. Sie sind besonders bei Reitpferden durch zu langes Durchs-Genick-Reiten, kurze Ausbinder oder Schlaufzügel überlastet.

Beginnen Sie Ihre Behandlung in jedem Fall mit gefühlvollen Streichungen, hier in der Regel mit der Fellrichtung. Zirkelungen und zartes Abheben der Hautfalten können vorsichtig eingebaut werden, wenn das Pferd auf die wohltuende Massage eingestimmt wurde. Auch sanfte Knetgriffe im Mähnenkamm werden von den meisten Pferden gut toleriert und sorgen für Wohlbefinden und Entspannung.

So können Sie nach einiger Zeit die Schmerzpunkte durch sanftes Drücken unter den Fingerkuppen schmelzen lassen. Legen Sie dazu zwei Finger übereinander, um mit möglichst wenig Kraftaufwand die richtige Gewebetiefe zu erreichen. Warten Sie, bis die Gewebe unter Ihren Fingern warm und weicher werden. Einige Knotenpunkte lassen sich dadurch auflösen, bei anderen werden Sie mit Ihren Fingern noch in der Tiefe kreisende Bewegungen ausüben müssen, um die hart verspannten Knoten aufzulösen bzw. ihren Tonus zu senken.

BEHANDLUNG DES MÄHNENKAMMS

Wie schon beschrieben, können Sie auch dem Nackenband etwas Gutes tun. Zunächst hatten wir Ihnen das sanfte Abtasten des ganzen Mähnenkamms empfohlen, um mögliche Schmerzreaktionen abzufragen. Mit beiden Händen in den Mähnenkamm greifend können Sie anschließend sehr angenehme Knetungen durchführen. Walken Sie den Mähnenkamm vom Widerrist kommend langsam und kräftig wie einen Pizzateig durch. Das in der Tiefe liegende Nackenband und die von den Halswirbeln kommenden Faszienstränge der Nackenplatte werden davon profitieren. Ebenso haben Sie einen wunderbaren weiterlaufenden Einfluss auf die Ansatzpunkte des Nackenbandes an den Dornfortsätzen des Widerrists und am Hinterhauptbein im Genick, ohne direkt auf die Knochenpunkte zu drücken.

017
Zum Film: Lösende Bewegungen für das Genick

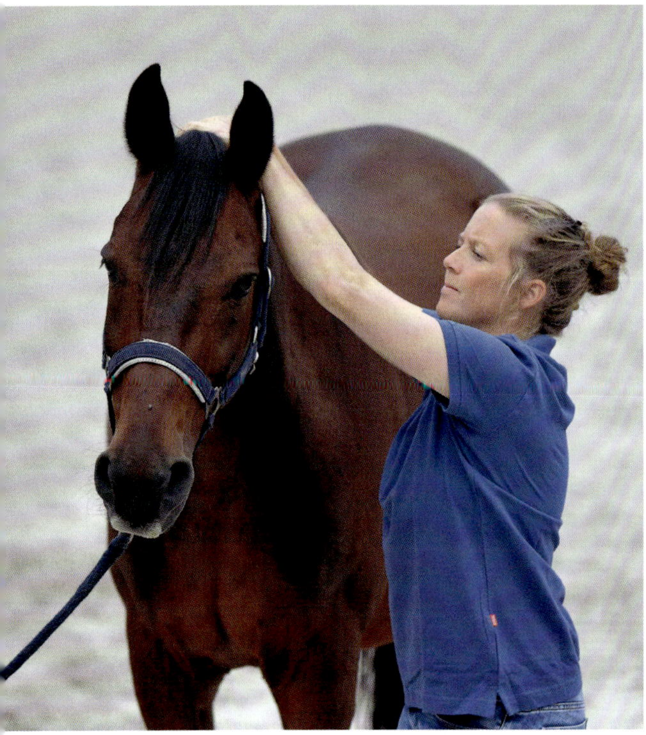

BEHANDLUNG DES NACKENBANDES

Eine weitere sehr effektive und lösende Maßnahme ist das Abheben des Nackenbandes, wie wir es Ihnen schon oben beschrieben haben. Nutzen Sie die sanften, das Nackenband umgreifenden Finger, um es wie eine „Zange" zu umschließen. Gemeint ist selbstredend mehr eine Rohrzange als eine Kneifzange.
Toleriert Ihr Pferd diesen Griff, können Sie nun versuchen, dass Nackenband etwas abzuheben. Auch Verschiebungen nach rechts und links können das Nackenband mobilisieren. Es handelt sich nicht um große, von außen sichtbare Bewegungen, dennoch werden Sie recht zügig eine Verbesserung feststellen. Reagiert Ihr Pferd mit starkem Abwehrverhalten bei gleichzeitig sehr festem Zustand der Nackenmuskeln und des Nackenbandes, bitten Sie zunächst Ihren Tierarzt und Therapeuten um eine gründliche Untersuchung hinsichtlich möglicher Entzündungen, Röntgenbefunde und Blockierungen der oberen Kopfgelenke.
Immer wieder beobachten wir bei unseren Patienten, wie die Mobilisation der Genickregion einen großen Effekt auf die gesamte Versorgungssituation des Schädels hat. Auch nicht erkälteten Pferden läuft plötzlich die Nase, wenn die Reinigungsfunktionen dadurch aktiviert werden. Beobachten Sie mit Zeit und Ruhe, welche Reaktionen bei Ihrem Pferd auftreten, und lassen Sie ihm bitte die Zeit zu reagieren.

Beide Hände führen sanft knetende, den Mähnenkamm durchwalkende Bewegungen aus. Haben Sie dabei Ihren Liebling gut im Blick, um feinste Reaktionen von Wohlbefinden oder Abwehr mitzubekommen und die richtige Dosierung der Griffstärke herauszufinden.

☞ DAS GENICK ENTSPANNEN

Beide Hände umschließen das Nackenband in der Genickregion sanft, um dann behutsame abhebende und verschiebende kleine Bewegungen auszuführen.

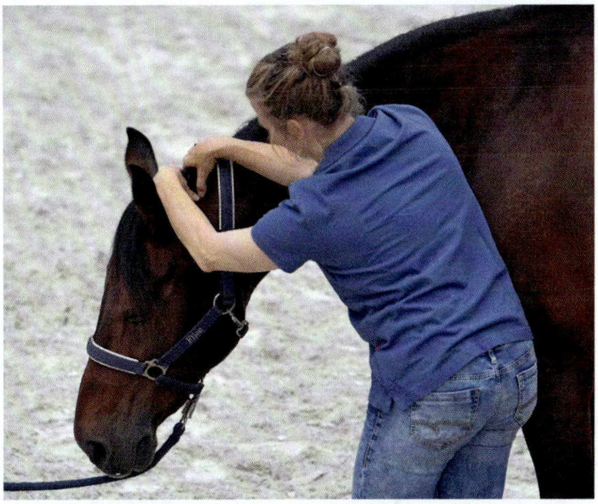

Wenn Sie gefühlvoll vorgehen und geduldig warten, bis sich Ihr Pferd auf die wohlwollenden Hände einstellt, wird es die entspannenden und den Nacken entlastenden Griffe sehr genießen.

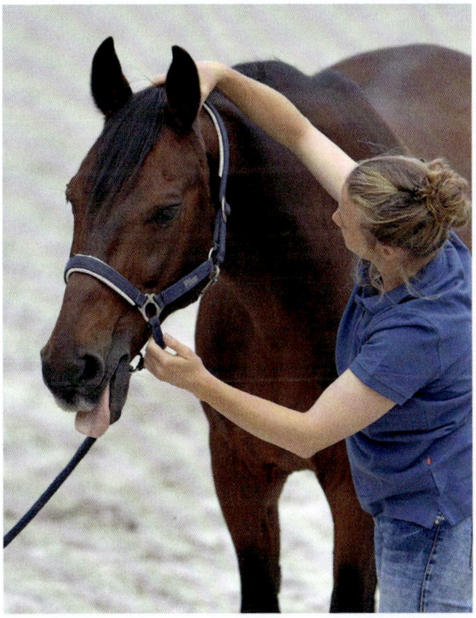

Auch mit einer Hand können Sie sanfte Behandlungsgriffe im Genick durchführen. Ihre Hand am Halfter lässt die Bewegungen des Pferdekopfes zu und verhindert sie nicht.

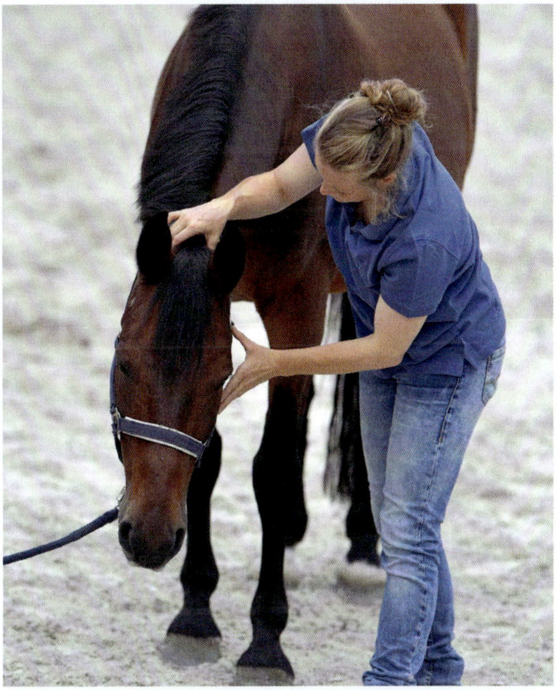

Wenn die Entspannung im Genick einsetzt, senken viele Pferde Ihren Kopf und schließen die Augen. Einige beginnen zu kauen, bei vielen wird die Atmung langsamer und tiefer. Durch die verbesserte Situation im Genick werden fließende Prozesse in dieser Region angeregt.

DIE KAUMUSKULATUR ENTSPANNEN

Pferde, deren Zaumzeug nicht passte oder die unter Blockierungen des Genicks und verspannten Nackenmuskeln gelitten haben, weisen häufig auch Blockierungen im Kiefergelenk und Verspannungen in der Kaumuskulatur auf.
Die fehlende Tätigkeit des Kiefergelenks hat nahezu immer einen negativen und blockierenden Einfluss auf die gesamte Wirbelsäule. Ergo kann ein Pferd weder mit zugeschnürtem Nasenriemen noch mit durch Reiterhände oder Hilfszügeln blockiertem Genick losgelassen gehen. Die „Skala der Ausbildung" endet also schon im Anfangsstadium und die Losgelassenheit kann mechanisch gar nicht erreicht werden.
Doch auch wenn Zaumzeug und Reitweise geändert werden, könnten Blockierungen verblieben sein, die dann allein durch Umstellung des Trainings nicht gelöst werden – frustrierend und abschreckend für diejenigen, die dann vorschnell wieder zu den herkömmlichen Methoden greifen. Bitte werfen Sie nicht direkt die Flinte ins Korn, wenn Sie herausgefunden haben, dass reiterliche Probleme hiermit zusammenhängen könnten. Die Zusammenarbeit mit einem gut ausgebildeten Therapeuten wird helfen, die entstandenen Blockierungen zu lösen. Im Anschluss werden Sie Ihrem Pferd mit diesen hier gezeigten Griffen den Weg zurück in die Losgelassenheit und Rittigkeit führen, sofern keine irreparablen Schäden aufgetreten sind.
Prozesse von Heilung und Umformung brauchen Zeit und Geduld! Es ist somit auch nicht nötig, zum Behandlungsweltmeister zu werden. Sie müssen Ihr Pferd nicht täglich mit den gleichen Griffen behandeln. Es wird Zeit brauchen, um auf die gesetzten Reize zu reagieren, die wiederum Impulse für die Selbstheilungskräfte auslösen. Finden Sie gemeinsam mit Ihrem Pferd heraus, in welchen Intervallen bestimmte Griffe guttun. Es gibt hier kein Richtig und kein Falsch! Vertrauen Sie Ihrem Gefühl.
Die beiden Kaumuskeln, die wir Ihnen im Rahmen dieses Buches vorstellen möchten, sind der kräftige auf der Wange verlaufende Masseter (M. masseter) und der auf der Stirn zu findende Schläfenbeinmuskel (M. temporalis). Beide Muskeln haben die Aufgabe, das Kiefergelenk in Richtung Maul schließen zu bewegen. Daher werden Sie nicht erstaunt sein, bei vielen Pferden Verspannungen in diesen Muskeln zu finden. Zähneknirschend toleriert der ein oder andere vierbeinige Sportler die Materialien in seinem Maul, während sich der andere möglicherweise den Kiefer zermahlt, weil er sich über seinen Boxennachbarn permanent ärgert.
Beim Menschen stellt das nächtliche Kieferpressen (Knirschen) eine große Herausforderung für den Betroffenen dar, klagen doch viele dieser Patienten über Konzentrationsschwierigkeiten, Kopfschmerz und Kiefer- und Nackenverspannungen. Sie fühlen sich oft ausgelaugt, erschöpft und können am Tag ihr volle Leistung nicht abrufen, da sie ja nächtlichen Hochleistungssport mit ihren Kaumuskeln betrieben haben.
Uns fällt kein plausibler Grund ein, warum es den zähneknirschenden, kieferpressenden Pferdepatienten nicht genau so ergeht. Ein Grund mehr, den Kaumuskeln nicht nur ein

ZÄHNE

An dieser Stelle sei kurz erwähnt, dass die zahnärztliche Betreuung und Behandlung der Pferdezähne selbstredend vorausgesetzt wird! Haken und Spitzen auf den Zähnen, Wellen- und Treppengebisse und andere Zahnprobleme stellen eine zusätzliche Ursache für Blockierungen des Kiefergelenks, des Genicks und der Halswirbelsäule dar.

☞ DIE KAUMUSKULATUR BEHANDELN

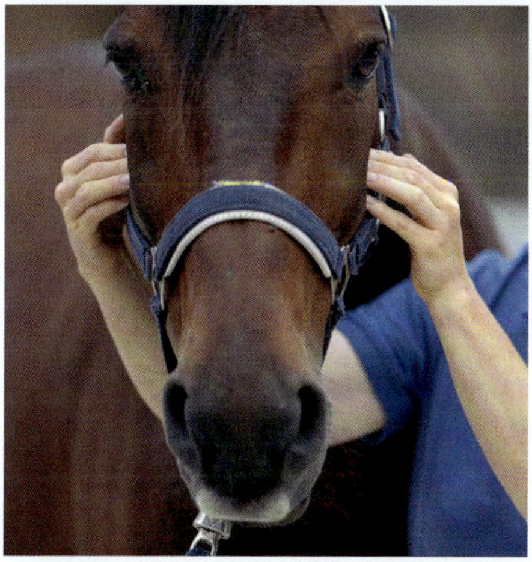

Tasten Sie mit beiden Händen die rechte und linke Seite des großen kräftigen Kaumuskels entlang. Er kommt von der Jochbeinleiste und zieht zum unteren Rand des Unterkiefers. Spüren Sie nach Hartspann, Myogelosen, verdickten Strängen und Schmerzpunkten im Seitenvergleich.

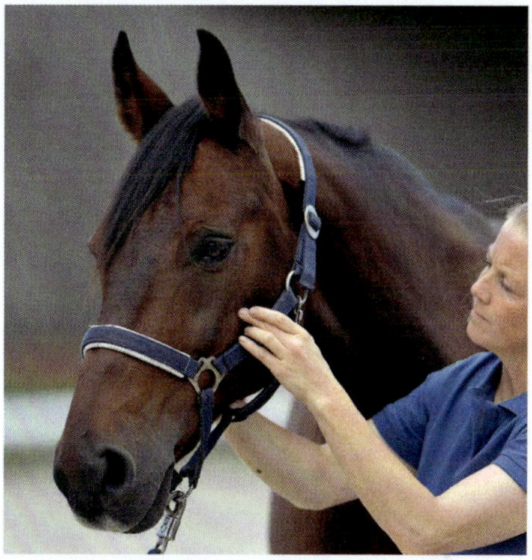

Bei der Schmerzpunktbehandlung der Kaumuskulatur, hier auf dem Bild des kräftigen Wangenmuskels, können Sie wieder Ihre Finger übereinanderlegen, um die richtige Tiefe ohne Anstrengung zu erreichen. Üben Sie an einem Knotenpunkt sanfte, kreisende Bewegungen aus, um den Hartspann zu lösen.

Die Behandlung des Schläfenbeinmuskels in streichenden und kreisenden Bewegungen ist hilfreich, wenn Probleme im Genick und im Kiefergelenk entstanden sind.

Die Beweglichkeit des Kiefergelenks kann überprüft werden, indem eine Hand flächig in Höhe des Kiefergelenks aufgelegt und mit den Fingern der anderen Hand die Kaubewegung ausgelöst wird.

paar Tage nach einer Zahnbehandlung Aufmerksamkeit zu schenken, sondern sie regelmäßig im Blick zu behalten und ihnen etwas Gutes zu tun.
Nach einer erfolgreichen Behandlung der Nacken- und Kaumuskulatur spüren viele Pferde deutlich, dass sich die Beweglichkeit des Kiefergelenks verbessert hat. Wir sehen immer wieder fasziniert zu, wenn ausprobierende, lösende Bewegungen entstehen und die Pferde den Unterkiefer in alle Richtungen bewegen. Auch Zungenbewegungen, Gähnen und Abkauen unterstützen den Befreiungsprozess vonseiten des Pferdes.

AKUPRESSUR IM GENICK

Um die Handgriffe der Genickregion positiv zu verstärken, greifen wir gern auf das Wissen der Traditionellen Chinesischen Medizin zurück. Sanfte, kreisende Bewegungen auf festumschriebenen Meridianpunkten können diese positiv beeinflussen, um die Energie zu harmonisieren, die nach der chinesischen Lehre durch die Meridiane fließt. Dadurch können unter anderem Schmerzzustände gelindert werden.
Der Akupressurpunkt Blase 10, der auch beliebt als Nahpunkt für das Genick eingesetzt wird, befindet sich etwa eine Handbreit unterhalb des Mähnenkamms sowie etwa eine Handbreit hinter dem Ohr, recht mittig auf dem ersten Halswirbel (Atlas). Streichen Sie gefühlvoll über den ersten Halswirbel, in der beschriebenen Position wird Ihr Finger in eine kleine seichte Kuhle fallen, dort ist die richtige Lage. Blase 10 ist ebenfalls eine wundervolle Behandlungsergänzung für Pferde mit Konzentrationsschwierigkeiten, tiefen Rückenschmerzen und kann sich beruhigend auf die Augen auswirken sowie Stauungen im Blasenmeridian lösen. Akupressieren Sie jede Seite etwa 60 Sekunden. Bei akuten Problemen können Sie dies auch mehrmals täglich tun.

Lassen Sie Ihre übereinandergelegten Finger auf dem ersten Halswirbel etwa eine Handbreit unter dem Mähnenkamm und eine Handbreit hinter dem Ohr, recht mittig auf dem Flügel des ersten Halswirbel in eine seichte Vertiefung fallen. Hier finden Sie Blase 10.

Blase 10 ist ein wunderbarer ergänzender Punkt aus der TCM für die sanfte Akupressur zur Unterstützung der Genickregion.

ANWENDUNGEN FÜR DIE VORHAND

Probleme der Schultergliedmaße kommen beinahe ebenso häufig vor wie Genickprobleme und Rückenschmerzen. Daher haben wir hier für Sie einige Behandlungsansätze aufgeführt.

Wenn Sie Schulterprobleme bei Ihrem Pferd vermuten oder erkennen, können Sie geeignete Physiogriffe selbst anwenden, selbstverständlich auch (nach Rücksprache mit Ihrem Tierarzt) zur Unterstützung der Rehabilitation nach Krankheiten und Verletzungen der Schultergliedmaße.

FALLBEISPIEL: LISA LOU

Lisa Lou kam vor vielen Jahren hochgradig lahm von der Koppel. Ein unbeobachtetes Trauma auf der Weide hatte zu einer schweren Nervenverletzung geführt, die eine Lähmung der Muskulatur auf dem Schulterblatt zur Folge hatte. Diese Schulterblattmuskeln stabilisieren das Schultergelenk, indem sie als seitlicher „Bandersatz" dienen (das Schultergelenk des Pferdes besitzt keine seitlichen Führungsbänder). Somit führt ein Ausfall des dazugehörigen Nervens zu einer Instabilität der Schulterpartie und zu hochgradiger Lahmheit.

Die Regeneration von geschädigten Nerven dauert lange. Doch aus vielfacher Erfahrung können wir berichten, dass es sich lohnt, zu warten. Während sich der Nerv erholt, können Sie begleitend zur tierärztlichen Betreuung viele sinnvolle Handgriffe und Übungen durchführen, sollte Ihr Pferd ebenfalls betroffen sein.

Lisa Lou hat sich genau dadurch sehr gut erholen können. Regelmäßige physiotherapeutische Betreuung, Leben in einer gut zusammengestellten Wohngemeinschaft im Offenstall und vor allem Zeit und Geduld haben dazu beigetragen. Die Stute hat vor einigen Jahren zwei gesunde Fohlen geboren, ist bei einigen A-Dressuren gestartet und verbringt nun ihre Zeit damit, Schülern im Deutschen Institut für Pferdeosteopathie die Handgriffe am Pferd zu lehren. Zum Ausgleich wird sie in ihrer Freizeit gymnastizierend an der Hand und unter dem Sattel gearbeitet.

Die Übungen, die wir Ihnen mitgeben möchten, sind vielseitig einsetzbar. Krankheitsbilder wie chronische Rehe und Sehnenschäden, aber auch die Lähmung anderer Nerven am Vorderbein, können nach tierärztlicher Rücksprache positiv von den Übungen beeinflusst werden. Selbstverständlich können Sie alles auch am gesunden Pferd anwenden.

Bei der oben beschriebenen Lähmung wird die Muskulatur des Schulterblatts massiert, um sie ausreichend zu versorgen und die Wege der Nervenfasern bestmöglich zu ebnen. In dieser unumgänglichen Heilungsphase werden die umliegenden Muskeln und Gelenke, aber auch die anderen Gliedmaßen und die Wirbelsäule, viele Aufgaben des betroffenen Vorderbeins übernehmen und kompensieren. Diese Aufgabe werden Sie Ihrem Pferd trotz Ihres Engagements nicht abnehmen können. Nach schweren Verletzungen sind sogenannte Kompensationshaltungen nicht zu vermeiden. Bedenken Sie mit Ihren Griffen in diesem Sinne auch die

„gesunden" Gliedmaßen, wenn Sie Hand anlegen, um Ihr Pferd zu unterstützen. Wohltuende Massagen im Bereich der Halswirbelsäule, des Rückens und der Brust- und Bauchmuskulatur können helfen, diese Zeit gut zu überstehen.

TRIZEPS

Bei unserem Fallbeispiel sind durch die Kompensation des ausgefallenen Nervens starke Verspannungen im Bereich des dreiköpfigen Oberarmmuskels (auch bekannt als Trizeps) entstanden. Doch auch Rückenschmerz und unpassende Sättel führen häufig zur Überlastung der Schultergliedmaße. Besonders bei Pferden wie Gerry (siehe Fallbeispiel Rückenprobleme) verspannt die Schultermuskulatur reflektorisch. Schlechtsitzende Kurzgurte können diesen kräftigen, von der Unterkante des Schulterblatts kommenden Muskel gehörig reizen. Der dreiköpfige Oberarmmuskel setzt mit seiner kräftigen Sehne am Ellbogenhöcker an und kann so unter Umständen bei jedem Schritt am Metall des Bauchgurtes entlangscheuern. Das nervt! Ausweichbewegungen und Verspannungen entstehen, sodass die Beweglichkeit des Schultergelenks und des Schulterblatts auf dem Rumpf reduziert werden.
Behandeln können Sie diese Region mit den mittlerweile bekannten Massagetechniken, also z.B. Streichungen, Knetungen, Reibungen, aber auch Fasziengriffe und Vibrationen.

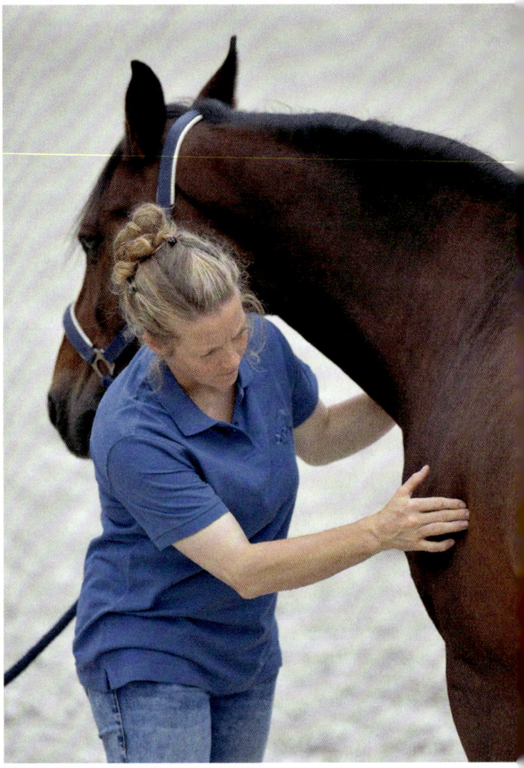

Streichen Sie quer zum Faserverlauf des dreiköpfigen Oberarmmuskels entlang, um verspannte Schmerzpunkte aufzuspüren.

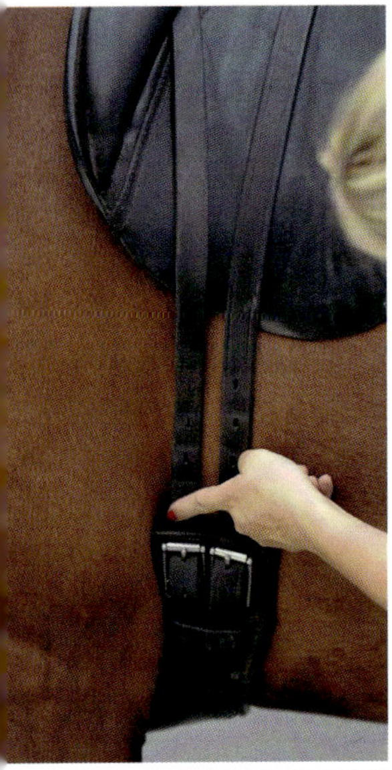

01

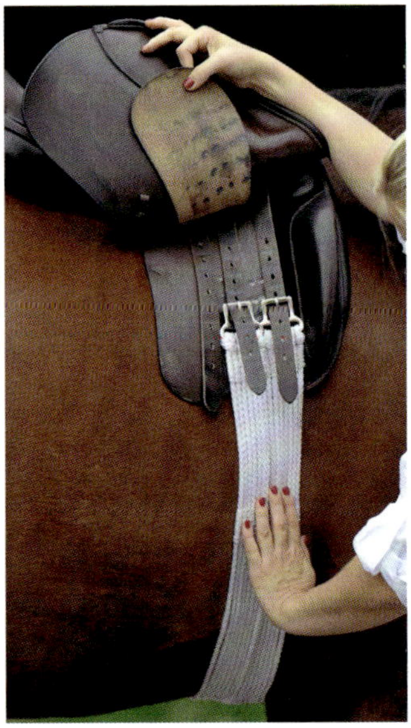

02

01 *Dieser Kurzgurt ist zu kurz. Die Schnallen üben schmerzhaften Druck aus, was die Muskulatur hochgradig reizen kann.*

02 *Ein passender Langgurt umschließt den Pferdekörper gut. Die Gurtung soll auf beiden Seiten gleich hoch erfolgen.*

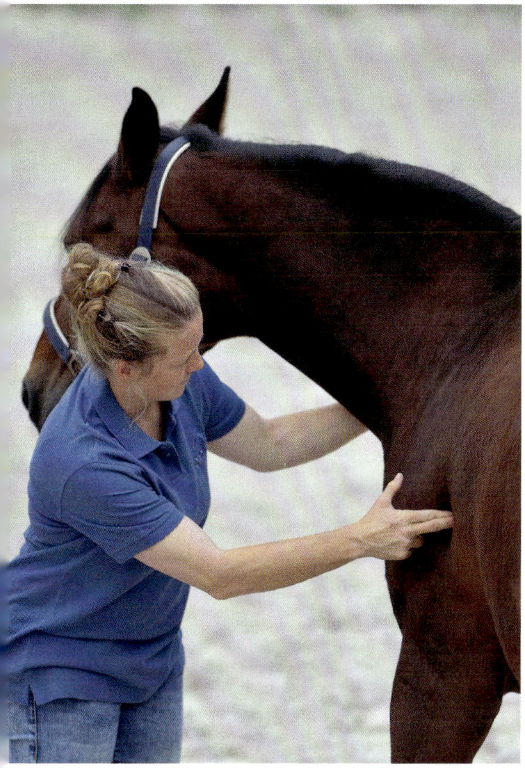

Lassen Sie Ihre Finger in den verspannten Schmerzpunkt einsinken und spüren Sie nach, wie sich der Widerstand auflöst.

BEHANDLUNG DES ARMKOPFMUSKELS

Die Behandlung des Armkopfmuskels ist recht etabliert. Überliefert als sogenannter „Pferdehändlergriff" ist heute vielen Pferdebesitzern bekannt, dass dieser Muskel als wichtigster Vorführer der Schultergliedmaße großen Einfluss auf die Rittigkeit und die Kopf-Hals-Haltung des Pferdes hat. Es braucht tatsächlich keine Rehe, Nerven- oder Sehnenschäden, um diesen Muskel zu verspannen und zu verkürzen oder sogar bleibende Eindrücke (wie Muskelfaserrisse) zu hinterlassen. Rollkuren, kurze Hilfszügel, harte Reiterhände, aber auch Sättel, die das Schulterblatt blockieren, führen zeitnah zur Überlastung. Haltungs- und Stellungsfehler, Kopfschlagen, Zügellahmheit, Zungenfehler, immer kurztrittigere, stumpfe Gänge sind häufig die Folge der Überlastung dieser Muskulatur, die direkt oberhalb der Drosselrinne verläuft und eine Verbindung vom Schläfenbein zum Oberarm herstellt.

Ein Griff in diesen kräftigen, langen Muskel ein bis zwei Handbreit oberhalb des Schultergelenks zeigt Ihnen, ob Ihr Pferd hier verspannt bzw. betroffen ist. Im gesunden Zustand stellt sich dieser Muskel bei normaler Halshaltung locker und weich dar, das Pferd wird keine Abwehr zeigen und seinen Hals wie bei der Dehnungshaltung aufwölben. Befindet sich dieser Muskel jedoch in Dysbalance, wird das Pferd vermutlich den Kopf hochreißen, vielleicht sogar nach Ihnen schnappen oder mit dem Vorderbein nach vorn ausschlagen.

Bitte gehen Sie behutsam vor und greifen Sie niemals einem angebundenen Pferd mit diesem Griff in den Armkopfmuskel. Bereiten Sie Ihre Hände gut vor, befragen Sie das Pferd mit Ihren Händen und respektieren Sie seine Reaktionen. Kurze Fingernägel sind wie immer vorausgesetzt.

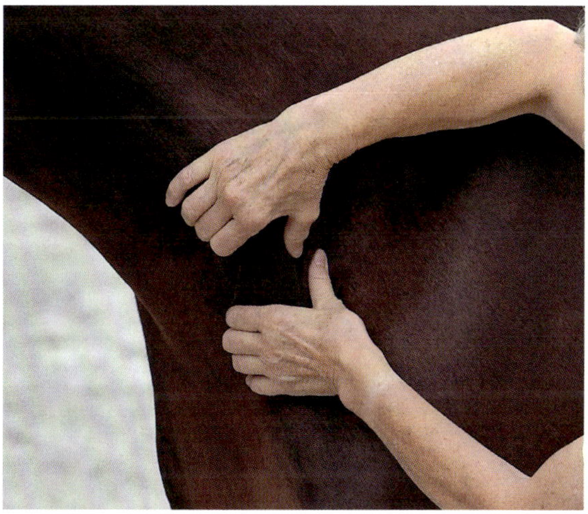

Knetungen im Armkopfmuskel werden gut toleriert, wenn Sie behutsam vorgehen. Sie können diesen Muskel vom Buggelenk bis unter das Ohr massieren. Gut abheben und kneten lässt er sich anatomisch im hier gezeigten Bereich.

ARMKOPFMUSKEL PRÜFEN

Um zu überprüfen, in welchem Zustand sich der Armkopfmuskel Ihres Pferdes befindet, umgreifen Sie vorsichtig diesen „Muskelschlauch", der sich gut von seiner Umgebung abheben lassen soll. Können Sie gar nicht zugreifen, weil Abwehr Ihres Pferdes oder ein sehr festes Gewebe Ihren Griff verhindern, wissen Sie, dass hier wohltuende, lösende Hände nötig sind. Gleichzeitig möchten wir dann appellieren, nochmals einen genauen Blick auf die gesamte Ausrüstung und die Stalldecke zu werfen und rückblickend an die letzten Reitstunden zu denken, inwiefern Reitweise, Trainingsintensität oder Hilfszügel hier Spuren hinterlassen haben.

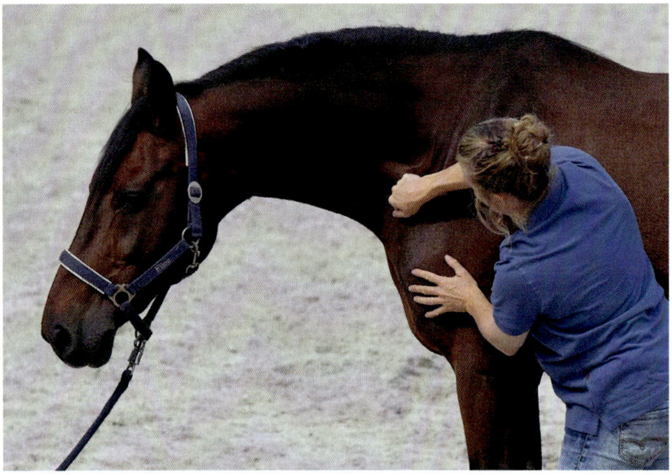

Ein Griff in die Faszien in der Region des Armkopfmuskels zeigt, inwiefern das Pferd in der Lage ist, den Hals zu wölben und den Unterhals locker zu lassen. Filou hat damit keine Schwierigkeiten.

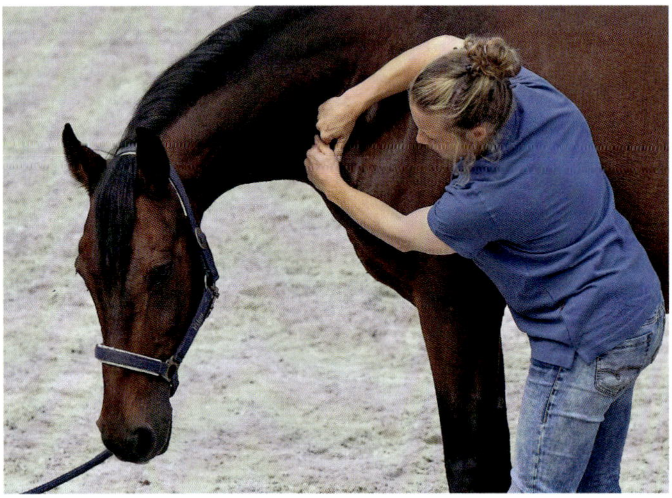

Sie können auch mit beiden Händen arbeiten. Das Pferd darf in dieser Position entspannen und den Kopf sinken lassen. Geben Sie den Geweben Zeit zu reagieren, bis die Entspannung der Kopf-Hals-Region sichtbar wird. Loben Sie Ihr Pferd, wenn es den Hals fallen lässt und beginnt zu kauen und zu schlecken.

Lassen Sie auch hier Ihre Hände einsinken und „lauschen“ Sie mit Ihrem Tastsinn den feinen kleinen Bewegungen der Gewebe.

Warme Hände und sanfte Verschiebungen der oberflächlichen Schichten haben großen Einfluss auf den Zustand der Faszien und damit auf die gesamte Schultergliedmaße.

FASZIENGRIFFE AM SCHULTERBLATT

Fasziengriffe sind nicht immer greifend oder kneifend. Hier zeigen wir Ihnen eine einfache Handauflage beider Hände in der Region des Schulterblatts, um die oberflächlichen Schichten von Haut und Faszien zu beeinflussen. Auch wenn Sie nicht viel bewegen, hat die Präsenz Ihrer Hände, die immer tiefer in die Gewebe sinken, einen großen Einfluss auf den Transport von Flüssigkeiten und Stoffwechselprodukten. Entstehende Wärme wirkt entspannend und schmerzlindernd. Dies kann bei allen Verletzungen und chronischen Erkrankungen der Schultergliedmaße sehr unterstützend sein, ganz nach dem Motto: kleiner Griff – große Wirkung!

Auch wenn Sie nicht sehen können, was im „Innern“ passiert: Vertrauen Sie Ihren Händen und lassen Sie sich geduldig durch die immer größer werdenden Gewebebewegungen mitnehmen. Bleiben Sie ein passiver Passagier im Fasziengewebe. Die Bindegewebe sind unglaublich intelligent, allein Ihre Anwesenheit kann ausreichen, die Faszien in Richtung „Selbstregulation“ zu motivieren.

Gönnen Sie sich eine Auszeit an Ihrem Pferd, in der Sie nichts anderes tun müssen, als empathisch die Hände in die passende Region zu legen, präsent zu sein und gleichmäßig zu atmen. Der Druck Ihrer Hände kann die Tiefe, in der sie den Geweben „zuhören“ und „mitsurfen“ möchten, mitbestimmen. Lassen Sie die Hände mit der Zeit immer tiefer einsinken, wenn die Gewebe dazu bereit sind. Folgen Sie den feinen, kleinen Bewegungen unter Ihren Händen, ohne sie zu manipulieren. Wenn Sie Ihre Hände lösen, verabschieden Sie sich so feinfühlig, wie Sie in das Gewebe eingesunken sind.

SELBSTHEILUNGSKRÄFTE

Einer der großen Lehrmeister der Osteopathie, Rollin Becker, hat den Spruch geprägt: „Only tissue knows!“. Die Gewebe allein wissen, was sie brauchen, um wieder heilen zu können. Unsere Hände sind mehr ein Schlüssel, der eine durch Unfall, Stress oder Überlastung blockierte Tür wieder öffnet. Den Rest übernehmen laut der Philosophie der Osteopathie die Selbstheilungskräfte.

ANWENDUNGEN FÜR DEN RÜCKEN

Das vermutlich am häufigsten auf der Stallgasse diskutierte Thema ist der Pferderücken und seine Probleme. Hier scheint jeder gute Ideen zu haben, was alles passieren muss, damit der Rücken des Pferdes stabil bleibt und ein langes Reiterleben erträgt.

Diskutiert werden der Sattel, die Reitweise und das Training, das Exterieur und die Konstitution des Pferdes. Man versucht, alles zu optimieren. Hier und da scheint die Idee aufzukommen, bestimmte Knöpfe wären zu drücken, um den Rücken wieder nach oben zu holen oder schmerzfrei zu bekommen. Neuerfindungen (Sattelkissen, Spezialpolsterungen, Hilfszügel ...) und ein paar Rehatage „Über den Rücken-Longieren“ sollen alles gerade biegen und den Reiter wieder ins Reiterglück katapultieren ...

Die klinischen Probleme und Krankheitsbilder des Pferderückens haben viele Ursachen und noch mehr Symptome. Sie reichen vom trageerschöpften, weggedrückten Rücken zu Widersetzlichkeiten (Buckeln, Steigen und gegen den Schenkel treten) über kurztrittige Gänge, schlurfende Hinterbeine und allgemeine Steifheit, nicht zu vergessen die sichtbaren Narben von Satteldruck und offener Gurtlage, die Abwehr beim Putzen und Satteln und das unwillige Schweifschlagen bei bestimmten Bewegungen.

Behandlungen des Rückens sind wie so oft sinnvoll, nachdem der Ursache auf den Grund gegangen wurde und der Störfaktor abgestellt werden konnte. Hier sind Teamarbeit und Geduld und weniger die gutmeinten Ratschläge der Paddock-Community gefragt.

In diesem Kapitel möchten wir Sie an die Hand nehmen, wenn Sie Lust und Interesse haben, Ihrem Liebling wohltuende Griffe an einem gesunden Rücken zu gönnen oder wenn Sie, nach tierärztlicher Rücksprache, gemeinsam Ihren Rückenpatienten mit Handgriffen in der Reha begleiten möchten. Bitte lassen Sie im Zweifelsfall zunächst einen Experten einen Blick auf den Rückenschmerz werfen, bevor Sie gut gemeint die Verzweiflungslage des Rückens verschlimmbessern.

FALLBEISPIEL: GERRY

Unser Fallbeispiel Gerry zeigt einige der bekannten und oben genannten Rückensymptome. Der Schmerzausdruck mit hochgerissenem Kopf beim Abdrücken der Oberlinie ließ schnell erkennen, dass der Fuchswallach schon einige Geschichten von unpassenden Sätteln und kneifenden Bauchgurten erzählen kann. Inwiefern die Reitweise der Vorbesitzer, Stoßzügel und ungeschickt einsitzende Reiter auch auf der Agenda von Gründen für seinen Rückenschmerz stehen, ist uns nicht bekannt.

Als er im Deutschen Institut für Pferdeosteopathie vorgestellt wurde, fiel es ihm schwer, durch das Genick am Zügel zu gehen. An das Aufwölben des Rückens war gar nicht zu denken und der Gang erschien insgesamt kurztrittig und steif. Zurzeit der Fotoaufnahmen sind sein ausgeprägter

Unterhals und sein stark durchgedrückter Rücken nicht mehr so deutlich zu sehen wie in den ersten Monaten. Dennoch zeigen die Bilder die typische Position eines Rückenschmerzpatienten gut genug, um von Trageerschöpfung, Schmerz und Steifigkeit zu berichten.

RÜCKENPROBLEME ERKENNEN

Um sich einen Eindruck zu verschaffen, wie es dem Rücken Ihres Pferdes aktuell geht, können Sie dank Ihrer mittlerweile schon geschulten Fingern Tests durchführen. Fahren Sie mit zunächst sanftem Druck Ihrer Fingerkuppen beidseits rechts und links neben der Wirbelsäule entlang und beobachten Sie die Reaktionen des Pferdes und das Gewebe unter Ihren Fingern. Kopf hochreißen, Rücken wegdrücken, weggehen und Zuckungen im Gewebe sind deutliche Reaktionen, die auf Schmerz und Verspannung oder sogar Entzündungen hinweisen können. Den gleichen Test führen Sie nun ebenso zart mit Ihrem Finger auf den Dornfortsätzen und somit entlang der Wirbelsäule auf dem Rückenband durch. Auch hier finden Sie möglicherweise einige Stellen, die stark reagieren, wenige Zentimeter weiter können Sie vielleicht keine Reaktionen bei gleichbleibendem Druck hervorrufen. Reagiert ihr Pferd gar nicht auf die Berührung entlang der Oberlinie, dürfen Sie behutsam den Druck der Fingerkuppen erhöhen.

Der 23 Jahre alte Rückenpatient Gerry hat sich nach einigen Behandlungen und Ausrüstungsumstellungen im Exterieur deutlich verändert.

SO BITTE NICHT

Bitte lassen Sie Ihren Schlüsselbund in der Hosentasche! Auch ein Hufkratzer hat als Untersuchungsgerät auf dem Pferderücken nichts verloren. Immer wieder werden wir Zeitzeugen radikaler Blitzuntersuchungen von selbsternannten Rückenexperten, die ohne Skrupel quasi im Vorbeigehen das Metall über den Rücken ziehen. Diese Effekthascherei hat nichts mit Therapie zu tun und ist für den Pferderücken, der unter Umständen ohnehin schon schmerzt, ein hochtraumatisches Ereignis. Schützen Sie Ihr Pferd vor derart skrupellosen Überfällen auf der Stallgasse. Ihre Finger sind ein einfühlsames, beobachtendes Untersuchungsinstrument, auf dass Sie sich verlassen können.

Zeigt Ihr Pferd deutliche Reaktionen, können Sie darauf eingehen, indem Sie gemeinsam mit Ihrem Tierarzt und Therapeuten weitere Untersuchungsmöglichkeiten besprechen.

018 Zum Film: Rücken aufwölben

DAS AUFWÖLBEN DES RÜCKENS

Ein weiterer wichtiger Test und gleichzeitig eine hervorragende Mobilisationsübung für den Rücken Ihres Pferdes ist das Aufwölben. Doch auch hierbei ist zunächst Fingerspitzengefühl gefragt. Zeigt sich Ihr Pferd schon beim Putzen und Satteln empfindlich und unwillig, können Sie erahnen, wie ungern es durch Reizung der Brust- und Bauchmuskulatur den Rücken aufwölben wird. Fragen Sie zunächst mit Ihren warmen Händen sanft, ob Sie diese mit weichem, gleichmäßigem Druck in die Gurtlage platzieren dürfen. Achten Sie dabei gut auf Ihre Position. Pferde haben schnelle Reflexe, reagieren sehr unterschiedlich und treten möglicherweise zunächst nach der Hand unter dem Bauch. Stellen Sie sich dicht an die Schultergliedmaße und haben Sie mögliche fliegende Hinterbeine im Blick.
So dürfen Sie nun mit Ihren Händen kreativ sein, um den Rücken zum Aufwölben zu bewegen. Einigen Pferden reicht sanfter Druck der Fingerkuppen, andere müssen fest gekratzt werden. Auch möglich ist das Greifen einer Hautfalte, durch die das Pferd dann zum Aufwölben animiert werden kann. Testen Sie sich langsam heran und lassen Sie dem Pferd Zeit zu reagieren. Ein Pferd, das nicht in der Lage ist, im Stand ohne das Reitergewicht seinen Rücken aufzuwölben und dabei die Oberlinie sozusagen loszulassen, sollte bis auf Weiteres nicht mehr geritten werden. Hier sind tierärztliche und therapeutische Untersuchungen und Behandlungen nötig, um zu klären, wo die Ursache liegt.
Manchmal lässt sich diese Problematik durch die behandelnden Griffe schnell auflösen und das Pferd wird es mit einem schwingenden Rücken und verbesserter Losgelassenheit danken. In einigen Fällen verbergen sich aber auch klinische Krankheitsbilder dahinter, wie z. B. Kissing Spines. Ihr Expertenteam wird Ihnen helfen, aus dem Teufelskreis des Rückenschmerzes herauszukommen und Sie anleiten, mit den richtigen Maßnahmen und einem gut aufbauenden Trainings- und Behandlungsplan Ihren Liebling wieder aufzubauen.

ABWEHR

Abwehrreaktionen wie Drohen, Beißen, Treten, Weggehen sind bei schmerzendem Rücken und verspannten Rückenmuskeln nicht selten. Nehmen Sie sie ernst!

Das Abtasten der Oberlinie ist für Gerry unangenehm.

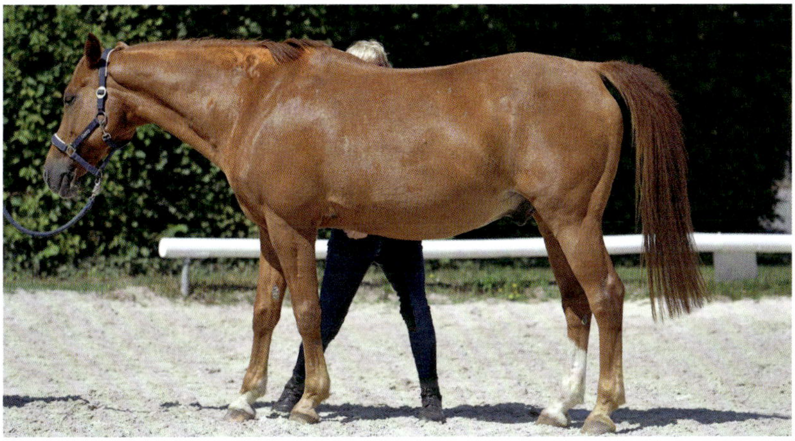

Gerry kann mittlerweile ohne Abwehrreaktionen den Rücken wieder hergeben.

Bis zu diesem Zeitpunkt können Sie Ihre Beziehung mit tollen Bodenarbeitslektionen und Massagegriffen aus diesem Buch versüßen, und Ihrem Pferd zeigen, dass Sie seinen Schmerz und seinen eventuell im Vorfeld vorhandenen Unwillen gegen reiterliche Lektionen verstanden haben.

Der Test des Aufwölbens ist gleichzeitig auch eine wundervolle Übung. Gerne dürfen Sie diese in das Putzen integrieren. Wiederholen Sie das Aufwölben immer wieder geduldig und lassen Sie dem Pferd bei den ersten Lektionen Zeit, damit die Muskeln darauf angemessen reagieren können. Sie werden bald rasche Erfolge feststellen, wenn Sie mit etwas Gefühl und Durchhaltevermögen daran arbeiten.

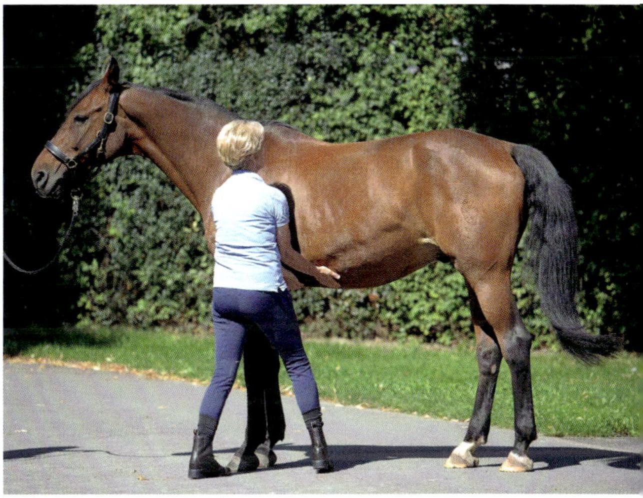

Mit den Fingern in der Gurtlage kann das Pferd zum Aufwölben des Rückens motiviert werden.

DIE RÜCKEN-MUSKULATUR

Sie haben es in den vorherigen Kapiteln schon gelesen: Massagegriffe können Gutes tun! Auch die Rückenmuskeln sind dankbar für die Behandlung von sanften, kräftigen und warmen Händen. Das Pferd bestimmt das Tempo und die Härte der Griffe, fragen Sie es! Vielen Pferden ist einfühlsamer, kräftiger Druck viel angenehmer, als oberflächliches, zu zartes „Über das Fell wischen".
Streichungen sind wieder gut geeignet, um die Faszien und die Muskulatur auf die weiteren knetenden und somit reinigenden, durchblutungsfördernden Griffe vorzubereiten. Auch zwischen den Knetungen, Zirkelungen und Querfriktionen können Sie immer wieder Streichungen einflechten, um die aus dem Gewebe gelösten Stoffwechselprodukte in den Kreislauf zu bringen und die Gewebe zu reinigen. Die entstehende Wärme und die verbesserte Durchblutung werden außerdem den hohen Tonus und den Hartspann aus den Rückenmuskeln lösen. Der verbesserte Stoffwechsel und die damit verbundene Reinigung der Gewebe wirken sich positiv aus auf die freien Nervenenden, die Schmerz signalisieren. Somit können Sie auch bei akutem Rückenschmerz durchaus Erste Hilfe leisten.

Massagegriffe im Bereich der langen Rückenmuskulatur helfen, die Oberlinie zu entspannen.

Schmerzpunktbehandlung mit kleinen Zirkelungen in der Rückenmuskulatur. Die Finger werden dabei zur Verstärkung übereinandergelegt. Die Hand am Widerrist dient der Kontaktaufnahme mit sanfter Berührung.

DIE KRUPPEN-MUSKULATUR

Um dem Rücken etwas Gutes zu tun, gehört auch die Massage der Kruppenmuskulatur in das Behandlungsrepertoire Ihrer Fingerfertigkeiten. Da die Kruppenmuskeln über einer sogenannte Lendenzacke eine sehnig-bindegewebige Verbindung in die Rückenmuskulatur haben, ist die Überprüfung des Zustands dieser Muskeln durchaus sinnvoll. Besonders effektiv arbeitet diese Verbindung beispielsweise beim Steigen oder bei der Levade. Doch auch im Stand spielt sie eine beträchtliche Rolle. So kann ein gutes Hinterhandtraining die Stellung des Beckens im Raum gravierend beeinflussen und dazu beitragen, dass über diese Verbindung in Zusammenarbeit mit den Bauchmuskeln der Rücken wieder besser aufgewölbt werden kann.
Betrachten Sie beide Kruppen und schauen Sie, ob es sichtbare Unterschiede in der Bemuskelung gibt. Legen Sie dann die Hände auf eine Kruppenseite und prüfen Sie den Tonus. Können Ihre Hände durch leichtes Klopfen kleine rhythmische Wellen in der

Testen Sie mit schwingenden, leicht klopfenden Fingern den Tonus der Kruppenmuskeln.

Reibungen auf der Kruppenmuskulatur erzeugen Wärme und senken den Spannungszustand.

Bei den Knetungen der Kruppenmuskulatur dürfen Sie in einer dynamischen Schrittposition Ihr ganzes Gewicht in das Pferd geben.

Kruppenmuskulatur erzeugen? Fühlt es sich auf beiden Seiten gleich an? Denken Sie immer daran: Gesunde Muskeln sind beidseits locker und elastisch.

In den kräftigen, großen Kruppenmuskeln können Sie nach entsprechender „Rücksprache" mit dem Pferd durchaus etwas kräftiger massieren. Streichungen, Knetungen, Zirkelungen, Reibungen und Klopfungen finden hier bei vielen Pferden guten Anklang. Besonders wirkungsvoll stellten sich für uns die Querfriktionen auf dieser Muskelgruppe heraus. Oft fordern die Pferde durch zurückgegebene Fellpflege und das Entgegenstrecken des Hinterteils kräftiger drückende Finger. An dieser Stelle legen wir Ihnen zur Schonung Ihrer Finger die Herbertkugeln ans Herz. Hier dürfen Sie sich gern in die Tiefen der Kruppengewebe trauen.

019

Zum Film: Klopfungen auf der Kruppenmuskulatur

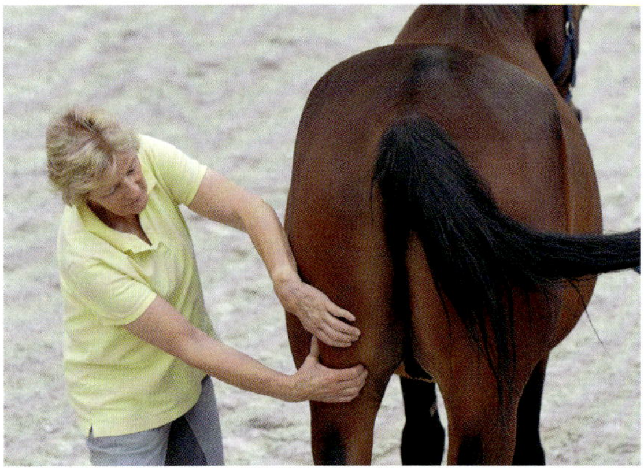

01

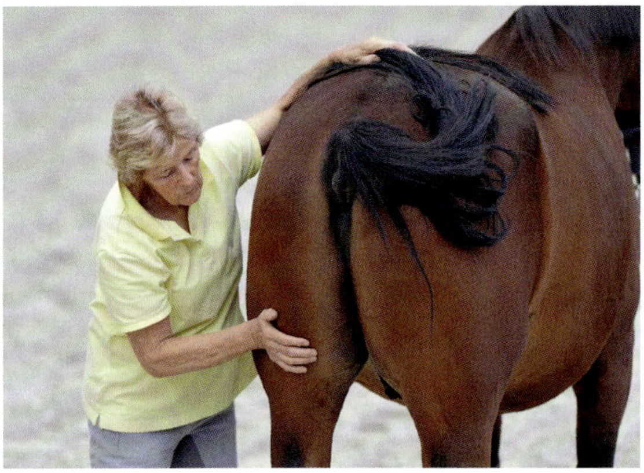

02

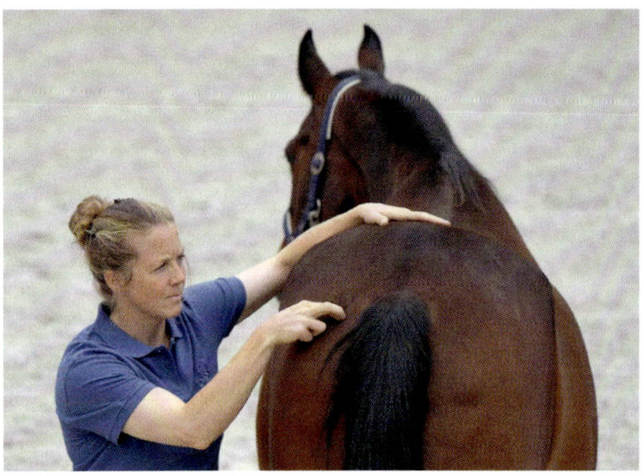

02

DIE LANGEN SITZBEIN-MUSKELN

Um einen gesunden Rücken zu erhalten oder zu rehabilitieren, ist es für das Reitpferd wichtig, mit den Hintergliedmaßen gut unter seinen Schwerpunkt fußen zu können. Das in der reiterlichen Sprache als „Untertreten" bezeichnete Gangbild unterstützt die Beckenkippung und das Aufwölben des Rückens.

Vielfach sehen wir Pferde, die hinten herausstehen, im Trab von hinten unter ihre Hufsohle schauen lassen und wenig Schwung und Raumgriff unter den Schwerpunkt finden.

Eine mögliche Ursache liegt hier in der Verkürzung und Verspannung der Gruppe der langen Sitzbeinmuskulatur. Die auch als „Hosen" bezeichneten Muskelstränge am Hinterbein haben wiederum eine enge Verbindung mit der Faszienkette der Kruppenmuskeln und der langen Rückenmuskulatur. Eine Behandlung hat dementsprechend einen deutlich positiven Effekt auf die Situation des Pferderückens.

01 *Zweihandknetungen an den langen Sitzbeinmuskeln werden häufig als sehr wohltuend empfunden.*

02 *Bei Einhandknetungen und Zirkelungen dürfen Sie sich mit einer Hand auf der Kruppe abstützen, um dynamisch mit Ihrem Körpergewicht zu arbeiten. Der Schweif ist hier zur besseren Ansicht festgehalten worden.*

03 *Schmerzpunktbehandlung auf den Ansätzen der langen Sitzbeinmuskulatur*

BRUST- UND BAUCH-MUSKELN

Um die Wirbelsäule speziell im Bereich der Sattellage zu unterstützen, kann es sehr hilfreich sein, die Brust- und Bauchmuskulatur mit zu behandeln. Hier finden wir bei unseren Patienten häufig sehr starke Verspannungen, die sich in Gurtzwang, Kitzeligkeit, Schweifschlagen und genereller Unzufriedenheit äußern können.
Da die Bauchmuskeln in einem gereizten, verspannten Grundzustand nicht wirkungsvoll arbeiten können, wird sich dieser Zustand ungünstig auf die Reitbarkeit und Tragefähigkeit auswirken und damit auch negativ auf die Wirbelsäule. Auch die Behandlung der Zwischenrippenräume ist eine tolle Maßnahme, um die Wirbelsäule auf die Mobilisation vorzubereiten.
Bei Pferden, die nicht gerne und schon gar nicht gut den Rücken aufwölben, bietet sich die Behandlung des Brustkorbs im Vorfeld an. Über diese Griffe (siehe Fallbeispiel Atmung, Seite 100) können auch die kleinen Rippengelenke nahe den Wirbelgelenken der Brustwirbelsäule gelöst werden. Verbessert sich damit also die Stoffwechsel- und Durchblutungssituation am gesamten Brustkorb sowie an den Rückenmuskeln, wird das Pferd das Aufwölben als weniger qualvoll empfinden.

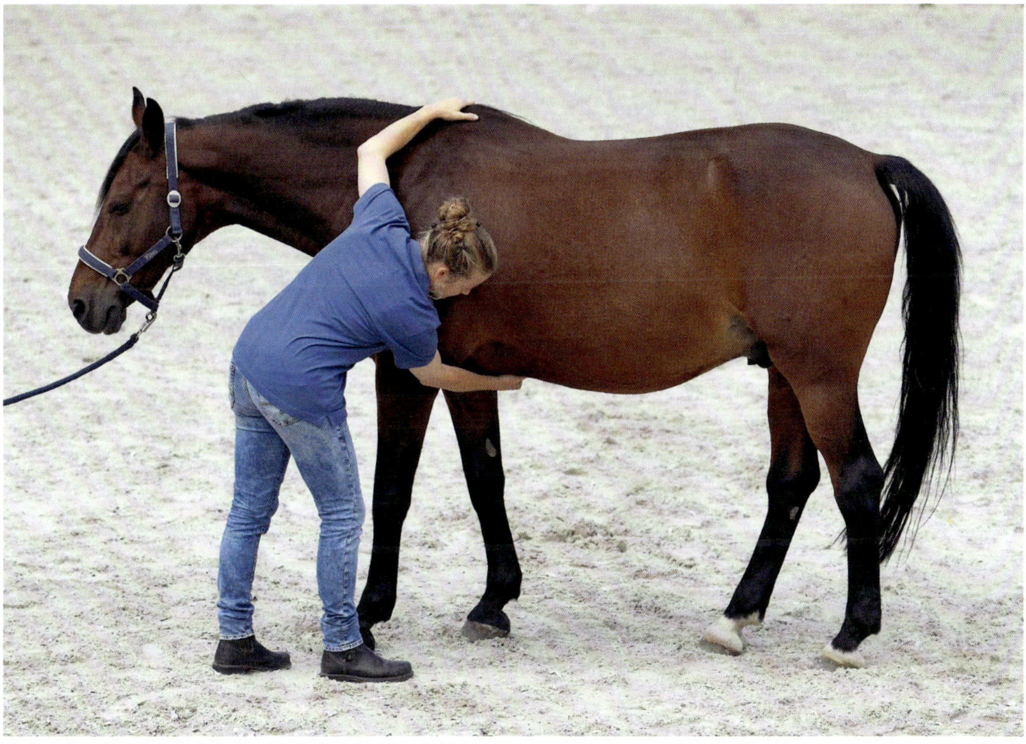

Massage- und Fasziengriffe in der Brustbeinregion helfen, den Zustand des Rückens positiv zu beeinflussen.

DAS SCHAUKELN DES WIDERRISTS

Eine wirklich wundervolle Behandlungsmaßnahme für sämtliche Pferde in Schmerz- und/oder Stressreaktionen ist das sogenannte Schaukeln des Widerrists. Dabei legen Sie beide Hände flächig und sanft auf den Widerrist und umgreifen die knöchernen Strukturen der Dornfortsätze, ohne zu kneifen. Sie halten die Fortsätze der Brustwirbel sicher in Ihren Händen, ohne Ihren Druck zu verändern, und veranlassen nun mit Ihrem Körpergewicht ein sanftes Schaukeln des Widerrists nach rechts und links. Zu Beginn müssen die zunächst gedachten Schaukelbewegungen des Pferdes kaum sichtbar sein, da Sie Ihrem Pferd Zeit lassen, auf die feinen Bewegungen zu reagieren. Beobachten Sie wieder gut die Kopf-Hals-Haltung, die Ihnen zeigt, ob die Intensität des Schaukelns die Reaktionen von Entspannung hervorruft.

020
Zum Film: Das Schaukeln des Widerrists

Kann sich das Pferd nach einiger Zeit darauf einlassen, werden Sie spüren, wie Schwingungen entstehen, die den ganzen Pferdekörper in fließende, gleichmäßige Bewegungen versetzen. So können Sie ganz feinfühlend einen positiven Effekt auf das vegetative Nervensystem erzielen, der mögliche Reizzustände von Schmerz und Aufregung lindert und dabei gleichzeitig einen guten mobilisierenden Effekt auf die Wirbelsäule des Pferdes ausübt.

Sanfte schaukelnde Bewegungen am Widerrist mobilisieren die Wirbelsäule und haben einen positiven Effekt auf das vegetative Nervensystem.

ANWENDUNGEN FÜR DIE ATEMWEGE

Aus unterschiedlichen Gründen kann es bei Pferden mit ihren großen und empfindlichen Lungen zu Störungen und Erkrankungen der Atemwege kommen. Nicht selten manifestieren sie sich und hinterlassen lebenslange Einschränkungen für das Pferd.

Viele Faktoren, die Einfluss auf die Atmung haben, sind uns bereits bekannt. So wissen wir längst, dass die Deckenhöhe und das Stallklima, die Staubbelastung, die Einstreu und auch die Qualität des Futters einen großen Einfluss auf die Gesundheit der Atemwege und der Lunge des Pferdes haben. Der Zusammenhang zwischen Darm und Lunge wird immer bekannter, und so wird auch die Verbindung von Darmproblemen und Allergien immer greifbarer. Durchgemachte Infekte wie Bronchitis und

TIEF DURCHATMEN

Viele der von uns behandelten Pferde haben nicht die Möglichkeit, die tatsächliche Größe der Lunge täglich vollkommen auszunutzen. Nach einem gestreckten Galopp wirklich tief durchzuatmen, zu buckeln und zu toben, um danach abzuschnauben, fehlt heute vielen Pferden – und damit auch ihren Atmungsorganen. Eine gute Belüftung (Ventilation) und eine gute Durchblutung bis in die feinsten Strukturen ist für die Gesundheit und Funktion der Lunge unerlässlich!

Lungenentzündungen können Verklebungen und Narben in den zarten Lungengeweben hinterlassen und das Atemvolumen des Pferdes mehr oder weniger begrenzen. Ein weiterer, nicht unerheblicher Faktor, den wir bei unseren Behandlungen ausmachen können, ist auch hier die nicht passende Ausrüstung des Pferdes. Kneifende Winterdecken, zugeschnürte Bauchgurte, zu lange und unpassende Sättel nehmen einen großen störenden Einfluss auf die Atmung und können längerfristig irreversible Schäden auslösen. Nicht zu vergessen: die auf Anschlag zugezogenen Nasen- und Sperrriemen, die ihren Tribut fordern und dem Pferd die optimale Versorgung und Entsorgung der Atemgase nehmen. So muss das Pferd die Atemmuskeln über die nötigen Maße beanspruchen, um noch ausreichend mit Sauerstoff versorgt zu werden. Die Leistungsfähigkeit wird paradoxerweise im „Training" zugeschnürt, das Pferd erlebt Leistungseinbrüche statt Trainingsaufbau und muss den aufgenommenen Kredit bitter bezahlen, um die sogenannte „Sauerstoffschuld" zu tilgen.

Nur wenn man selbst entspannt ist, kann man wirkungsvoll die Verspannungen des Pferdes lösen.

GESUNDE ATEMWEGE

Glücklicherweise können wir auf diese Stellschrauben Einfluss nehmen. Stallklima, Streu, Futterqualität und Ausrüstung können vom Menschen verändert und verbessert werden. Nasenriemen lockerer zu schnallen, ist ganz einfach. Wenn das krank machende Element entlarvt wurde, kann es abgeschafft werden. Medizin und Therapie sind erst erfolgreich, wenn das „Gift", das für die Krankheit verantwortlich ist, entfernt wird. Es ist sinnvoll, diese Faktoren genau unter die Lupe zu nehmen und sie zu verbessern, bevor wir beginnen, die Atemmuskeln des Pferdes zu behandeln. Offenstallkonzepte, Heubedampfer, Solekammern und weiterentwickelte Medikamente, Desensibilisierungen, Kräuter, homöopathische Medikamente haben die heutigen Standards der chronisch atemerkrankten Pferdepatienten deutlich verbessert. Nun wollen wir in diesem Kapitel dazu beitragen, das noch fehlende Puzzlestück zu ergänzen. Wir zeigen Ihnen in unserem Fallbeispiel von Filou, inwiefern wir als Besitzer und Reiter mit angepassten Handgrifftechniken die Atmung unserer vierbeinigen Freunde unterstützen und krankheitsbedingte Verspannungen lösen und lindern können.

FALLBEISPIEL: FILOU

Schon als junges Pferd hatte Filou unter massiven Atemeinschränkungen zu leiden. Allergien mit starkem trockenem Husten ließen ihn regelrecht apathisch und krank werden. Das Offenstallkonzept mit einer hervorragenden Heuqualität und eine gelungene alternativmedizinische Begleitung aus unterschiedlichen Heilkonzepten zeigten erstaunliche Erfolge, sodass Filou auch 15 Jahre später noch neben einigen Jagden, Springen und Dressurstunden die Lieblingsrolle aller Dozenten im DIPO innehat.

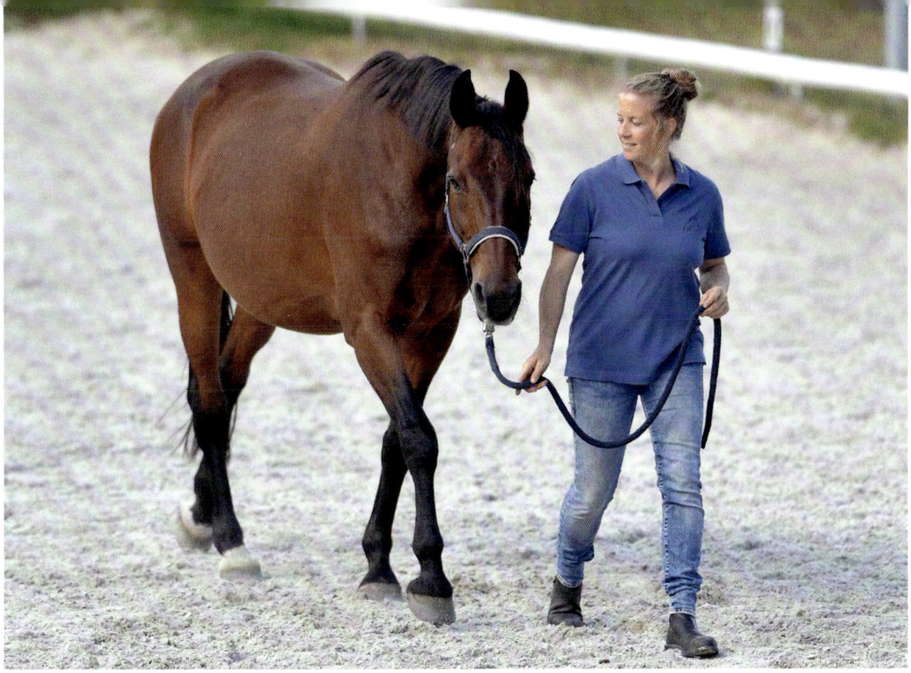

Für gesunde Pferde gilt die 4-L-Regel: Licht, Luft, Laufen und natürlich Liebe!

In Episoden, in denen ihn sein „altes" Allergie- und Lungenleiden wieder einholt, helfen ihm die Handgriffe für Atemmuskeln und Atemhilfsmuskeln. Darüber hinaus wird er durch Akupunktur betreut. Medikamentöse Interventionen wurden bislang nur in seltenen Fällen an heißen, schwülen Sommertagen nötig.

Wie schon im ersten Kapitel angedeutet, brauchen wir eine ruhige Umgebung, um die Handgriffe für Atempatienten gut anwenden zu können. Nebenher eine Insta-Story posten, auf der Stallgasse smalltalken und mit den Gedanken noch beim Job zu sein, stören eine wirkungsvolle Arbeit mit den eigenen Händen extrem. Besonders bei Atempatienten ist die eigene Entspannungsfähigkeit und Geduld gefragt, um sich auf die Atmung des Pferdes zu konzentrieren und sie somit zu verbessern.

KONTAKTATMUNG

Die Kontaktatmung ist eine wundervolle Übung für Mensch und Pferd, um sich aufeinander einzustellen und die nötige Ruhe und Konzentration für einen gelungenen Behandlungsrahmen zu finden. Im Grunde ist es so simpel, dass viele Menschen aufgrund der Einfachheit beinahe ungläubig vor dieser Methode zurückschrecken.

Wir legen beide Hände an den Brustkorb an eine beliebige Stelle und nehmen Kontakt mit dem Fell und der Haut auf. Nun lassen wir langsam die Hände mit ihrer Eigenschwere in die Gewebe sinken und fühlen uns durch die Haut, das Unterhautfettgewebe, die Rumpffaszie und die auf dem Rumpf liegenden flachen Muskelschichten hindurch, bis wir Kontakt mit den Rippen aufnehmen. Nun warten wir geduldig und beobachten mit unseren Händen die Atmung, ihre Frequenz und Tiefe, und die Bewegung der Rippen. Lassen Sie sich Zeit, es ist nicht nötig, alle Punkte auf einmal im Blick zu haben. Mit der Zeit schulen wir unser Einfühlungsvermögen und es wird Ihnen immer leichter fallen, sich auf die genannten Aspekte zu fokussieren.

In Gedanken versuchen wir nun mittels der Kontaktatmung auch die Wahrnehmung des Pferdes auf unseren Handkontakt zu lenken. Viele Pferde tun dies intuitiv, verstärken schon bald die Atmung unter den Händen und werden ruhiger.

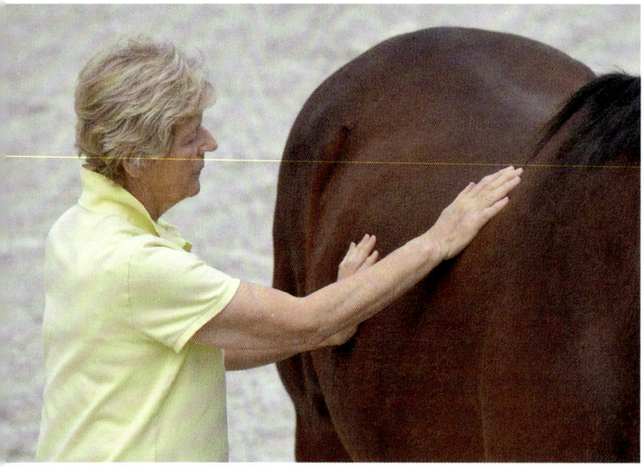

Kontaktatmung mit beiden Händen auf dem Brustkorb

Fühlen der Rippenbewegung beim Atmen

Es kann hilfreich sein, sich vorzustellen, wie wir mit den eigenen Händen wie Saugnäpfe das Atemvolumen erweitern und von Atemzug zu Atemzug mehr Luft in den Brustkorb strömen darf. Wir wiederholen diesen Prozess über einige Atemzüge und wechseln dann die Handanlage zu einer anderen Position am Brustkorb, um auch hier das Bewusstsein des Pferdes in eine tiefe, lungenfüllende Atmung zu lenken. Lernen Sie so im Laufe der Zeit kennen, an welchen Stellen der Brustkorb den Händen anfänglich nicht so gut folgen kann. Verklebungen, Narben, Rippenblockierungen und krankes Lungengewebe können u. a. die Ursache dafür sein.

BEIM MENSCHEN

Im Rahmen unserer eigenen physiotherapeutischen Tätigkeit am Menschen konnten wir die Effizienz dieser Methode bei der Behandlung von Intensivpatienten, Frühgeborenen und atemerkrankten Kindern, die zur Atemüberwachung an Monitore angeschlossen waren, kennenlernen. Allein durch die Handanlage und die Begleitung der Atmung ließ sich die Sauerstoffsättigung und die Atemtiefe deutlich verbessern.

Bei kleineren Pferden ist es natürlich auch möglich, auf jede Seite des Brustkorbs eine Hand zu legen und so beidseitig zu arbeiten. Erschaffen Sie sich bei Ihrem „Handauflegen“ ein inneres Bild von den 18 Rippen und der Lunge und folgen Sie den Atembewegungen einladend. Achten Sie wieder auf die eigene ruhige Atmung, lockere Schultern und einen hüftbreiten Stand mit leicht gebeugten Knien.

DAS ZWERCHFELL

Aus anatomischer Perspektive ist es schwierig vorstellbar, wie wir das im Innern des Körpers liegende Zwerchfell behandeln können. Das Zwerchfell (respiratorisches Diaphragma) trennt als Skelettmuskel die Brust- von der Bauchhöhle und ist der wichtigste Atemmuskel beim Säugetier. Da es Kontakt zu den Rippen, dem Brustbein, zum letzten Brustwirbel und zur Lendenwirbelsäule hat, ist es dennoch für unsere Hände und unsere mentale Vorstellung möglich, Einfluss auf das Zwerchfell zu nehmen und es so auch indirekt zu regulieren. Die Technik funktioniert wie die oben beschriebene Vorgehensweise der Kontaktatmung. Fokus ist jetzt das Zwerchfell, dass sich kuppelförmig in die Brusthöhle wölbt. Es ist eine wundervolle Sache, das Zwerchfell zu tiefer Atmung anzuregen und die Wahrnehmung des Pferdes hier zu verbessern. Verstärktes Einatmen, Seufzen und tiefes Abschnauben sind willkommene Signale, dass die Handanlagen das Zwerchfell angesprochen und reguliert haben.

Eine Hand nimmt im Bereich der Gurtlage Kontakt mit dem Brustbein des Pferdes in der Mittellinie auf. Die andere Hand liegt am Ende der Sattellage im Bereich des Übergangs von der Brust- zur Lendenwirbelsäule flächig auf den Dornfortsätzen. Stehen Sie dicht und bequem am Pferd und lassen Sie sich auf die Atmung des Pferdes ein. Versuchen Sie sich dabei vorzustellen, wie sich die muskuläre „Trennschicht" zwischen Bauch- und Brusthöhle bei der Einatmung in Richtung des Bauchraums bewegt. Die Bauchorgane werden in Richtung Becken und Bauchdecke bewegt, am Ende der Bewegung spüren Sie die Erweiterung des Brustkorbs über die Rippen.

Wenn das Zwerchfell mit der Anspannung bzw. dem Einatmen fertig ist und wieder lockerlässt, bewegt es sich automatisch in seine Ausgangsposition in den Brustkorb zurück, der Brustkorb und sein Volumen verkleinern sich wieder. Ausatmen ist also grundsätzlich ein passiver Vorgang. Bei starker sportlicher Leistung jedoch oder bei chronisch verändertem Lungengewebe kranker Pferde, müssen Atemhilfsmuskeln die Ausatmung unterstützen, um genügend Luft aus dem Brustkorb herauszupressen, um danach wieder ausreichend einatmen zu können. Einige Patientenbesitzer stellen sich die Bewegung wie die eines „Schwungtuches" vor, das sich rhythmisch hin- und herbewegt. Vielleicht hilft es auch Ihrer Handanlage bei der Behandlung des Zwerchfells. Sie können nichts falsch machen. Das Ziel hierbei ist wie gesagt, die Atemtiefe und das Lungenvolumen zu verbessern und das Zwerchfell zu entspannen und zu regulieren.

MERKE
Das Zwerchfell ist ein Muskel, der ebenso verspannen kann, wie wir es von Rücken- und Nackenmuskeln kennen.

Loben Sie Ihr Pferd und freuen Sie sich über ein tiefes Seufzen. Vielleicht gelingt es Ihnen bald über das eigene „Voratmen" und Seufzen, Ihr Pferd auch in Alltagssituationen schneller zu entspannen und Einfluss auf die Atmung zu nehmen.

ZWISCHENRIPPENRÄUME

Eine weitere, sehr wirkungsvolle und effektive Technik aus der Atemtherapie ist das Ausstreichen der Zwischenrippenmuskeln. Diese gehören zu den Atemhilfsmuskeln, wobei die eine Schicht dieser Muskulatur bei der Einatmung beteiligt ist und die andere Schicht die Ausatmung unterstützen kann. Verspannungen in diesen kleinen, recht kurzen Muskelfasern, die sich, wie der Name schon sagt, zwischen den Rippen befinden, kommen recht häufig vor. Auch dadurch kann es längerfristig zu Bewegungseinschränkungen des gesamten Brustkorbs kommen.

Ausstreichungen der Zwischenrippenräume mit den Fingern

In der Behandlung der Zwischenrippenmuskeln werden die einzelnen Schichten nicht voneinander getrennt werden können. Versuchen Sie zunächst, die Räume zwischen den Rippen zu ertasten und mit Ihren Fingerkuppen entlang dieser Zwischenräume zu fahren. Einfacher ist es, im Fellverlauf vom Rücken kommend die Finger in Richtung Bauch- und Brustwand rutschen zu lassen. Beobachten Sie dabei Ihr Pferd genau. Es wird Ihnen deutlich mitteilen, wie kräftig Ihre Finger mit der Zeit durch diese Zwischenräume ziehen dürfen, um die Bindegewebs- und Muskelschichten zu erwärmen und somit besser zu durchbluten. Legen Sie gern die Hände übereinander, um den Fingerdruck mit der aufliegenden Hand zu verstärken. Nutzen Sie dabei auch Ihr Körpergewicht und lassen Sie sich Zeit auf dem Weg durch die eventuell verspannten Muskeln. Wenn Sie unter das Fell sehen könnten, sollte am Ende dieser Handgrifftechnik idealerweise ein rot gestreiftes Tigermuster entlang der Zwischenrippenräume erkennbar sein.
Arbeiten Sie mit einigen Wiederholungen auf beiden Seiten des Pferdes. Besonders leicht ist diese Technik im hinteren Bereich der letzten Rippen anzuwenden. Schwieriger wird es im vorderen Bereich des Brustkorbs, hier werden die Rippen zum Teil vom Schulterblatt bedeckt.

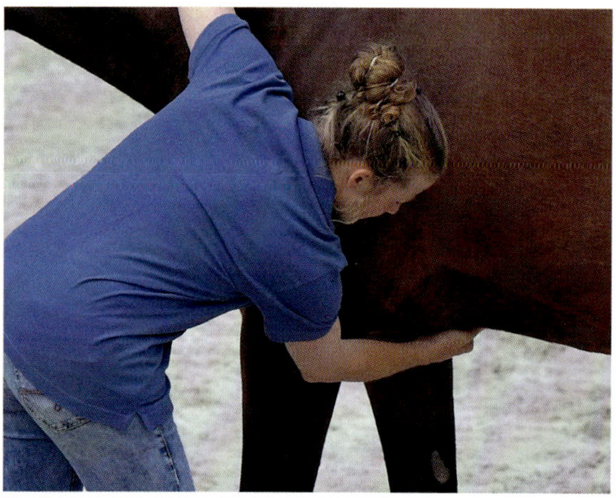

Fasziengriff in der Gurtlage zur Verbesserung der Beweglichkeit des Brustkorbs

TIPP
Zur Schonung Ihrer Finger können Sie für diese Technik auch die kleinen Herbertkugeln einsetzen. Auch hierbei sollten Sie vorsichtig den Druck dosieren und den Reaktionen Ihres Pferdes vertrauen.

BRUSTKORBBEREICH

Massagetechniken, zu denen auch die Fasziengriffe gehören, im Bereich des Brustkorbs sind ebenfalls eine sehr unterstützende Methode für Atempatienten. Besonders COPD-Patienten neigen zu Verspannungen und Verklebungen im Bereich des Brustkorbs, durch die die Beweglichkeit der Rippen und der Atemhilfsmuskeln dann eingeschränkt werden kann.
Im Bereich der Gurtlage leiden allerdings nicht nur Lungenpatienten durch diese Einschränkungen. Kneifende, schlecht gepolsterte Bauchgurte, grobes Nachgurten und wiederum unpassende Sättel können zu Bewegungseinschränkungen der Faszien und Verspannungen der Bauchmuskulatur in diesem Bereich führen.
Vorsicht: Pferde können hier sehr empfindlich sein und möglicherweise deutlich mit Abwehrverhalten reagieren. Ein sanfter und weicher Erstkontakt der Hände in der Gurtlage vermittelt Ihren Händen einen ersten Eindruck über die Gewebe, sodass Sie das Pferd „fragen" können, wie fest Sie zufassen dürfen.
Beginnen Sie auch hier zunächst mit Streichungen und sanften Knetungen oder Zirkelungen. Auch beim Abheben der oberflächlichen Hautfalte lassen Sie sich Zeit, bevor Sie diese Falte verschieben und abheben.

SERVICE

ZUM SCHLUSS

Abschließend möchten wir noch mal erwähnen, dass Sie in diesem Buch nur einen kleinen Auszug aus möglichen Handgrifftechniken finden werden. Der gefüllte Werkzeugkasten erfahrener, gut ausgebildeter Therapeuten umfasst ein riesengroßes Spektrum therapeutischer Möglichkeiten, die einen entsprechenden anatomischen Hintergrund erfordern. Wir haben uns in diesem Buch auf die Griffe konzentriert, von denen wir überzeugt sind, dass Sie sie mit Ruhe und Geduld, Einfühlungsvermögen und Fingerspitzengefühl erlernen werden, um das Wohlbefinden Ihres Pferdes zu steigern.
So möchten wir Ihnen nochmals nahelegen, bei Unsicherheiten und Schwierigkeiten zunächst Rat bei Ihrem betreuenden Therapeuten einzuholen und sich die für Ihr Pferd geeigneten Griffe an Ihrem Pferd zeigen zu lassen. Jedes Pferd hat eine individuelle Geschichte, ein individuelles Exterieur und wird von einem einzigartigen Menschen geritten und betreut.
Sie werden Heilungsprozesse nicht beschleunigen oder abkürzen, weil sie täglich üben und sich dadurch vielleicht selber unter Zeit- und Leistungsdruck bringen. Doch werden Sie mit regelmäßiger Ausführung einiger Physiogriffe den Heilungsprozess eines vielleicht erkrankten Pferdes deutlich verbessern, um am Ende der vorgesehenen Regenerationszeit ein bestmögliches Ergebnis zu erzielen.
Entwickeln Sie ein Gefühl dafür, in welchen Abständen Ihr Pferd Geduld und Muße hat, sich auf Ihre Hände einzulassen. Sie werden feststellen, dass einige Handgriffe, eingebaut in die täglichen Routinen von Putzen und Kuscheln, ihren festen Platz finden und von Ihrem Pferd alsbald eingefordert werden.
Für uns Zweibeiner kann die Behandlung unserer Pferde ebenso zu einer Oase aus Durchatmen, zur Ruhe kommen und Wellness werden, wenn wir uns auf die Pferde, ihr Schnauben und Gähnen und die feinen Reaktionen von Entspannung einlassen.
So wünschen wir Ihnen bei dieser Entwicklung viel Geduld und vor allem Freude, eine gute Zeit mit Ihrem vierbeinigen Freund zu verbringen!
Arbeiten Sie dieses Buch in Ruhe durch. Es ist dazu gedacht, in Ihrer Putzkiste zu liegen oder Sie in Ihrer Tasche zu begleiten, um kurz darin zu stöbern, was Ihrem Pferd gerade guttun würde. Vertrauen Sie bei der Auswahl der Techniken und der Ausübung der Handgriffe Ihrem Pferd und Ihren Händen. Sie sind auf bestem Wege „greifbar" Gutes zu tun.

Mit den Händen Gutes tun ist sehr erfüllend. Genießen Sie die kostbare Zeit mit Ihrem Vierbeiner!

Ihre Beatrix Schulte Wien und Irina Keller

DANKE

Wenn wir auf die kleinen, einzelnen Schritte zurückblicken, die aus Gedanken und Ideen ein Übungsbuch für Pferdefreunde haben entstehen lassen, dann scheint es umso unglaublicher, wie aus unserem praktischen Beruf im Stall oder an der Behandlungsliege, weit weg von Stift und Papier, ein so greifbares und gleichzeitig optisch ansprechendes Buch entstehen konnte. Neben dem Wunsch, den vielen interessierten Besitzern ein praxisnahes Buch für die Stallgasse an die Hand geben zu können, brauchte es dementsprechend mehr als unser Fachwissen, ganz speziell jemanden, der diesen unglaublichen Transfer von Therapeutensprache, verschachtelten Sätzen und schwierig zu formulierenden Ideen übersetzen konnte. Dafür danken wir ganz besonders Birgit Bohnet. Liebe Birgit, wir sind nun zum zweiten Mal dadurch bereichert worden, dass du nicht nur unsere Lektorin bist, sondern wie eine gute Fee mit freundlichen Worten, wertschätzenden Korrekturen und liebevollem Auge über unsere Zeilen fliegst und sie lesbar machst. Darüberhinaus bist du auch selbst schon eine Expertin beim Anwenden der Griffe auf der Stallgasse. Deine wundervolle Gabe, komplizierte Gedanken in ansprechende und leicht lesbare Sätze umzuwandeln, hat uns oft ein breites Lächeln und Vorfreude auf das Buch geschenkt. Du schaffst es, unsere Faszination für die Behandlung von Pferden in Gestaltung und Formulierungen aufs Papier zu zaubern und dabei nicht den roten Faden zu verlieren. Danke.

Ein Praxisbuch lebt natürlich auch von Bildern, die Ihnen Mut machen, selbst Hand ans Pferd zu legen, die Handgriffe nachzumachen. Unserem Fotografen Horst Streitferdt ist es erneut gelungen, die Lebendigkeit der Behandlungsgriffe in seinen Aufnahmen einzufangen und abzulichten. Danke Horst, dass du uns mit deiner Berufung und Begabung völlig unaufgeregt, professionell und mehr als sympathisch in die knipsbaren Momente begleitet hast, aus denen nun diese wundervollen Bilder ins Buch gedruckt wurden.

ZUM WEITERLESEN

Baumert, Beth: **Zwei Körper – ein Gedanke**, Die Stärke der mentalen Verbindung; KOSMOS 2023
Beth Baumert erklärt, wie unterschiedlich der Verstand von Pferd und Mensch funktioniert, und zeigt Lernprinzipien und Techniken, durch die beide zusammenkommen. Das praktische Mentaltraining fördert die Losgelassenheit und Ausgeglichenheit beim Pferd.

Gösmeier, Dr. med. vet. Ina: **Die fünf Pferdetypen in der Traditionellen Chinesischen Medizin**; KOSMOS 2019
Aus der Sicht der TCM haben Krankheiten oder Verhaltensstörungen immer einen körperlichen und einen mentalen Aspekt. In diesem Ratgeber beschreibt die renommierte Tierärztin Dr. Ina Gösmeier die fünf Pferdetypen und ihre individuelle Behandlung. Der Leser lernt, sein Pferd einem Typ zuzuordnen, und erfährt, wie er gesundheitliche Symptome und Verhaltensprobleme seines Pferdes lösen kann.

Jones, Janet: **Horse Brain, Human Brain.** Erkenntnisse aus der Neurowissenschaft – Wie Pferd und Mensch denken, fühlen, handeln; KOSMOS 2022
Das Gehirn steuert das Verhalten – beim Pferd ebenso wie beim Menschen. Janet Jones erklärt leicht verständlich die Gemeinsamkeiten und Unterschiede zwischen den Gehirnen von Mensch und Pferd und zeigt, wie man dieses Wissen anwendet, um Ausbildung, Training und Umgang effizient und lösungsorientiert zu gestalten.

Klimke, Ingrid: **Reite zu Deiner Freude**, Grundsätze meiner Pferdeausbildung; KOSMOS 2021
Bei Ingrid Klimke haben Pferd und Mensch Freude am Training. Kernpunkte ihrer pferdefreundlichen Trainingsphilosophie sind Cavaletti-Arbeit, Dressur, Springen und Reiten im Gelände. Am Beispiel ihrer eigenen Pferde gibt sie wertvolle Tipps zur Förderung des jeweiligen Pferdecharakters.

NÜTZLICHE ADRESSEN

DIPO – Deutsches Institut für Pferdeosteopathie
Mitwick 32
48249 Dülmen
Tel.: +49 (0) 2594/782270
www.osteopathiezentrum.de

Deutsche Reiterliche Vereinigung e.V. (FN)
Freiherr-von-Langen-Str. 13
48231 Warendorf
Tel.: +49 (0) 2581/63620
www.pferd-aktuell.de

REGISTER

BILDNACHWEIS

145 Farbfotos wurden von Horst Streitferdt / Kosmos für dieses Buch aufgenommen.

IMPRESSUM

Umschlaggestaltung von GRAMISCI Editorialdesign / Isabelle Fischer, München, unter Verwendung von Farbfotos von Horst Streitferdt / Kosmos.

Mit 145 Farbfotos

Unser gesamtes Programm finden Sie unter **kosmos.de**.
Über Neuigkeiten informieren Sie regelmäßig unsere Newsletter, einfach anmelden unter **kosmos.de/newsletter**

Gedruckt auf chlorfrei gebleichtem Papier

ISBN 978-3-440-17659-7
Redaktion: Birgit Bohnet
Gestaltungskonzept: Peter Schmidt Group GmbH, Hamburg
Gestaltung und Satz: Atelier Krohmer, Dettingen/Erms
Produktion: Claudia Frank
Druck und Bindung: Westermann Druck Zwickau GmbH, Zwickau
Printed in Germany / Imprimé en Allemagne

FSC www.fsc.org MIX Papier | Fördert gute Waldnutzung FSC® C110508

Gesund und — leistungsbereit

184 Seiten

Bewegungsprobleme beim Pferd werden oft nicht erkannt oder falsch beurteilt und können schnell zu dauerhaften Schäden führen. Beatrix Schulte-Wien und Irina Keller vom DIPO erklären die Anatomie des Pferdes und zeigen, wie Pferde mithilfe der Osteopathie gesund und leistungsfähig bleiben.

Von der Besten lernen: So reitet Ingrid Klimke sicher im Gelände. Die Olympiasiegerin und Reitmeisterin gibt ihr komplettes Wissen weiter, vom ersten Ausritt bis zur optimalen Vorbereitung auf die Geländeprüfung. Das neue Standardwerk mit vielen Insidertipps, die in keinem Lehrbuch stehen.

112 Seiten

kosmos.de